职业教育理实一体化创新规划教材

电气 CAD 应用与实践

（AutoCAD 2014）

主　编　于　斌　田　媛　梁宏禄

参　编　高登良　陈聪君　蒋力力　刘玉来

主　审　陈圣鑫

U0303684

电子工业出版社

Publishing House of Electronics Industry

北京·BEIJING

内 容 简 介

本书参照赵志群教授的《职业教育工学结合一体化课程开发指南》为指导意见，立足于中职院校电气、机电专业的发展需求，以结合学校、企业实际情况为原则，采用"项目+任务+活动"的方式进行编写，充分体现了职业教育的应用特点和学习目标。

全书共有七个项目，内容包括 AutoCAD 安装与操作界面的认识、低压元器件安装图绘制、动力控制电路图绘制、PLC、变频器综合电路图绘制、供电系统电气设备安装接线图绘制、居家照明系统电气图纸绘制、三相异步电动机三维模型的构建，向读者阐述了 AutoCAD 2014 简体中文版软件的使用以及电气 CAD 制图的规范要求。每个项目均列出了本项目的学习任务和学习目标，项目后安排有习题，用于读者练习和巩固。

本书可作为中职院校电类相关专业的课程教材，也可作为相关岗位的短期培训用书和从事电气类工程技术电气人员的自学参考书。

图书在版编目（CIP）数据

电气 CAD 应用与实践：AutoCAD 2014 / 于斌，田媛，梁宏禄主编. —北京：电子工业出版社，2017.11

ISBN 978-7-121-31990-7

Ⅰ. ①电… Ⅱ. ①于… ②田… ③梁… Ⅲ. ①电气工程—工程制图—AutoCAD 软件 Ⅳ. ①TM02-39

中国版本图书馆 CIP 数据核字（2017）第 139746 号

策划编辑：郑　华
责任编辑：裴　杰
印　　刷：北京虎彩文化传播有限公司
装　　订：北京虎彩文化传播有限公司
出版发行：电子工业出版社
　　　　　北京市海淀区万寿路 173 信箱　邮编　100036
开　　本：787×1 092　1/16　印张：12.25　字数：313.6 千字　插页：1
版　　次：2017 年 11 月第 1 版
印　　次：2025 年 2 月第 18 次印刷
定　　价：33.80 元

凡所购买电子工业出版社图书有缺损问题，请向购买书店调换。若书店售缺，请与本社发行部联系，联系及邮购电话：（010）88254888，88258888。

质量投诉请发邮件至 zlts@phei.com.cn，盗版侵权举报请发邮件至 dbqq@phei.com.cn。

本书咨询联系方式：（010）88254988，3253685715@qq.com。

前 言
PREFACE

电气制图是电气类工程技术人员的典型工作任务，是自动化技术高技能人才必须具备的基本技能，也是中职院校电类相关专业的一门重要的专业基础课程。本书强调对读者电气识图与制图标准化技能的训练，以任务驱动为主线，由浅入深地介绍 AutoCAD 系统操作方法，在培养学生自主学习能力的同时，介绍电气制图的规范标准、典型电气图的绘制方法。本书以电气图实际绘制过程为导向，采用项目教学的方式组织内容，每个项目都来源于典型电气工程实例。每个项目包含项目描述、项目任务、项目评价，项目任务由任务介绍、任务分析、知识点导航、任务实施 4 部分组成。在知识点导航部分，给出完成该项目必须的知识与技能，包括项目识读、相关绘图命令、图形对象操作、绘图技巧等；在任务实施部分，给出制图任务，读者可以通过知识点导航给出的方法技巧完成具体任务；在项目评价部分，读者可以对学习过程进行记录并完成测评，同时引入了教师点评，帮助读者更好地把握具体项目完成情况。本书在每个项目最后还加入了思考练习题，帮助读者系统地复习项目知识。

通过软件系统操作概述及相关 7 个项目的学习和训练，读者在 AutoCAD 的使用过程中，完成二维平面设计、三维立体设计操作，学会电气图识读和绘制方法，达到灵活运用、规范制图的目的。

本书的参考学时为 198 学时，建议采用工学一体化教学模式，各项目的参考学时见下面的学时分配表。

学时分配表

项 目	课程内容	学时
项目一	AutoCAD 安装与操作界面的认识	36
项目二	低压元器件安装图绘制	18
项目三	动力控制电路图绘制	32
项目四	PLC、变频器综合电路图绘制	32
项目五	供电系统电气设备安装接线图绘制	24
项目六	家居照明系统电气图绘制	36
项目七	三相异步电动机三维模型的构建	20
课时总计		198

本书由于斌、田媛、梁宏禄主编，高登良、陈聪君、蒋力力、刘玉来参编。具体分工如下：田媛编写项目一，刘玉来编写项目二，于斌编写项目三，蒋力力编写项目四，高登良编写项目五，梁宏禄编写项目六，陈聪君编写项目七。

由于编者知识水平有限，书中错漏之处在所难免，期待各界专家和读者提出宝贵意见。本书在广泛收集资料的过程中参考了部分文献，在此对原文献作者表示感谢。

编　者

目 录
CONTENTS

项目一

AutoCAD 安装与操作界面的认识

项目描述

AutoCAD 是美国 Autodesk 公司开发研制的通用计算机辅助设计软件,广泛地运用于建筑设计、机械制图、化工电子、土水工程等领域。其中 AutoCAD 2014 是其 2013 年发布推出的版本,本项目将对 AutoCAD 2014 简体中文版软件的安装运行和操作界面进行介绍,要求初学者能完成 AutoCAD 2014 简体中文版软件的安装、运行,并进行图形文件管理等基本操作;能熟悉其操作界面,利用操作界面进行命令的调用和执行,完成简单的平面图形绘制。对 AutoCAD 2014 形成初步认识,激发学习兴趣,培养严谨的工作习惯。

学习任务

任务1 软件的安装与运行
任务2 软件的操作界面认识

学习目标

1. 认识 AutoCAD 2014 的操作界面;
2. 熟悉各种基本的绘图命令;
3. 掌握 AutoCAD 2014 简体中文版软件的安装;
4. 掌握 AutoCAD 2014 简体中文版软件的运行,并进行图形文件管理;
5. 能通过命令的调用和执行,完成简单的平面图形绘制;
6. 熟悉图形绘制的一般操作过程;
7. 能按照要求进行绘图环境的设置。

学习资源

计算机及 AutoCAD 2014 简体中文版软件。

学习方法

行动导向学习法、讨论学习法、合作学习法、自由作业法、4 阶段学习法、任务驱动学习法、比较学习法、听讲学习法、跟踪学习法、探索式学习法。

课时安排

建议:36 课时。

任务 1 软件的安装与运行

一、任务介绍

机械建筑、电子等行业目前应用最广泛的 CAD（Computer Aided Design，计算机辅助设计）软件是 Autodesk 公司提供的 AutoCAD，本次任务中通过学习、进入现场操作的形式，掌握 AutoCAD 2014 简体中文版软件基本的安装与运行，有利于走上工作岗位后能更快地适应工作需求。

二、任务分析

安装前，必须检查电脑的配置是否满足 AutoCAD 2014 简体中文版软件的安装要求。在软件安装运行以后，学生需要掌握对图形文件的管理，明确各种文件格式的区别。在遇到新建图形文件时弹出的选择文件框下面的"文件名"总处于空白状态的问题时，学生应学会通过浏览器，在互联网上搜索处理办法。

三、知识点导航

（一）AutoCAD 2014 简体中文版软件的介绍

1. 操作平台

具有 Service Pack 3 以上的 Windows XP 或 Windows 7 以上版本。

2. 文件格式

采用新的 DWG 文件格式，仍然向后兼容。

（二）AutoCAD 2014 简体中文版软件的基本功能

（1）基本绘图功能；

（2）辅助设计功能；

（3）三维模型渲染功能；

（4）图形输出与打印功能；

（5）开发定制功能。

（三）AutoCAD 2014 简体中文版软件的工作空间

工作空间就是一种自定义的绘图环境，使用户在专门的、面向任务的绘图环境中工作。AutoCAD 2014 为用户提供了 4 种工作空间。工作空间可进行切换和设置、保存。

1. "AutoCAD 经典"工作空间

AutoCAD 的传统界面。

2. "草图与注释"工作空间

默认的工作空间，用于绘制和编辑二维图形。

3. "三维基础"工作空间

进行基本的三维建模操作。

4. "三维建模"工作空间

进行绘制和观察三维图形、附加材质、创建动画等操作。

（四）AutoCAD 2014 简体中文版软件中的文件格式

*.dwg

二维 CAD 的标准格式，也直接使用作为默认图形文件格式。

*.dws

标准文件格式，主要用在图层转换（laytrans）时使用，可以保留图层映射关系。

*.dwt

样板文件格式，用户可以将自己惯用的 CAD 工作环境把图层、标注样式等都设置好后直接保存为 dwt 文件，方便用户环境的快速恢复。

*.dxf

包含图形信息的文本文件格式，保存的文件可以用记事本打开，看到保存的各种图形数据。

（五）AutoCAD 2014 简体中文版软件中的单位

在 AutoCAD 2014 中新建图形文件时，单位有英制和公制之分。英制对应的样板文件是 acad.dwt，而公制对应的样板文件是 acadiso.dwt；两个样板使用的填充图案和线型文件是有区别的。两个样板文件的区别主要是 measurement（系统变量）值的不同，measurement 值为 0，则是英制；measurement 值为 1，则是公制，用户应根据需要选择图形样板文件。

四、任务实施

本学习任务在电气仿真实训室完成。任务具体实施步骤如下。

活动 1　AutoCAD 2014 简体中文版软件的安装

在进行软件安装前，应先检查计算机是否符合 AutoCAD 2014 的操作平台要求，满足条件后开始进行软件的安装。

（1）双击或鼠标右键单击打开安装系统目录下的 setup.exe 安装程序，进入安装启动界面，如图 1-1-1 所示。

（2）单击图 1-1-1 上的"安装"按钮，弹出"软件许可协议"对话框，如图 1-1-2 所示。拖动拖动条阅读授权协议全文后，选择"我接受"单选按钮。

（3）单击图 1-1-2 对话框中的"下一步"按钮，弹出"产品信息"对话框，如图 1-1-3 所示。

（4）填写序列号×××-×××××××××和产品密钥×××××后，单击"下一步"

按钮，弹出"安装路径设定"对话框，如图 1-1-4 所示。

图 1-1-1　安装启动界面

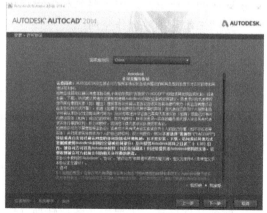

图 1-1-2　"软件许可协议"对话框

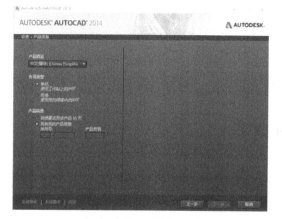

图 1-1-3　"产品信息"对话框

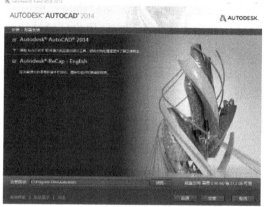

图 1-1-4　"安装路径设定"对话框

（5）单击图 1-1-4 对话框中的"安装"按钮，弹出"安装进度"对话框，如图 1-1-5 所示。

（6）等待几分钟，弹出"安装完成"对话框，如图 1-1-6 所示，单击"完成"按钮，完成安装。

图 1-1-5　"安装进度"对话框

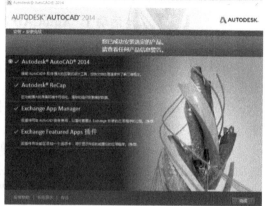

图 1-1-6　"安装完成"对话框

软件的运行包括程序的启动和退出。下面先介绍软件程序启动的 3 种方法。

方法一：双击桌面上的启动图标，启动 AutoCAD 2014 简体中文版软件。启动图标如图 1-1-7 所示。

方法二：以 Windows 2007 为例，单击 Windows 中的"开始"按钮，选择程序菜单中"AutoCAD 2014"程序组，然后再选择"AutoCAD 2014-简体中文（Simplifild Chinese）"程序项，启动 AutoCAD 2014 简体中文版软件。

方法三：以 Windows 2007 为例，单击 Windows 中"开始"菜单中的"运行"项，弹出"运行"对话框，在输入框中输入"AutoCAD 2014-Simplifild Chinese"，启动软件。

程序启动后，弹出"软件加载"对话框，如图 1-1-8 所示。加载完成后，完成程序的启动，进入默认的工作空间，如图 1-1-9 所示。

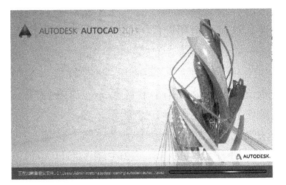

图 1-1-7　启动图标　　　　　　　　　图 1-1-8　"软件加载"对话框

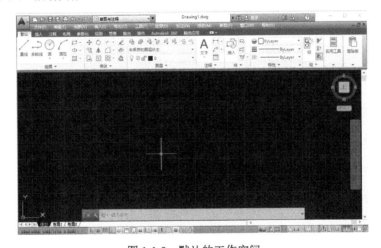

图 1-1-9　默认的工作空间

软件启动后，要退出时有 4 种方法。

方法一：标题栏操作。鼠标左键单击图 1-1-9 标题栏右上角的"×"键。

方法二：应用程序菜单栏操作。单击图 1-1-9 左上的应用程序菜单栏，在下拉选项中选择"退出 AutoCAD"按钮，即可退出软件。

方法三：命令行操作。在图 1-1-9 中的命令行输入命令：QUIT 或 EXIT。

方法四：快捷键操作。在键盘上输入 Alt+F4 或 Ctrl+Q 组合键。

───────── **活动 3** | 图形文件的管理

图形文件的管理包括绘图环境的启动、建立新的图形文件、保存图形文件、加密图形文件、关闭图形文件、打开已有的图形文件。在此，以公制为单位的二维图形为例介绍。

（一）绘图环境的启动

启动方法在活动 2 中已有介绍，在此不再赘述。

（二）建立新的图形文件

以新建图形模板文件为例，所有图形都是通过默认图形样板文件(*.dwt)或用户创建的自定义图形样板文件来创建的。在绘图环境启动后，将打开一个基于图形样板文件的空白图形文件。这时，可用四种方法新建图形模板图形文件。

方法一：①单击左上的菜单栏中的"文件"选项，在下拉选项中选择"新建/图形"，如图 1-1-10 所示，随后屏幕弹出"选择样板"窗口，在窗口中的文件名处，出现图形的样板文件 acadiso.dwt，如图 1-1-11 所示。②在图 1-1-11 中单击"打开"按钮，进入新建图形文件的操作界面，如图 1-1-12 所示。

方法二：①单击工具栏中的"新建"按钮 🗋，如图 1-1-13 所示，屏幕弹出"选择样板"窗口，如图 1-1-11 所示。②在图 1-1-11 中单击"打开"按钮，进入"新建图形文件"的操作界面，如图 1-1-12 所示。

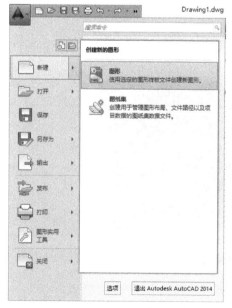

图 1-1-10　菜单栏中新建图形文件

图 1-1-11　"选择样板"窗口

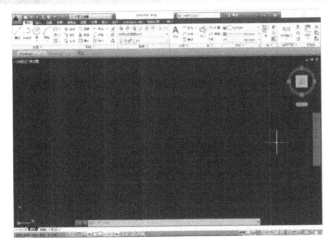

图 1-1-12　"新建图形文件"的操作界面　　　　　图 1-1-13　工具栏中新建图形文件

　　方法三：调用帮助和欢迎屏幕窗口来新建图形文件。在 2014 版本中可设置是否显示"帮助和欢迎"屏幕，即进入操作界面以后，进行"选项"对话框的设置。可以鼠标右键单击"选项"，如图 1-1-14 所示，或在应用程序菜单栏中，在下拉选项中选择"选项"，如图 1-1-15 所示，或者是在菜单栏中选择"工具/选项"命令，或者在命令行直接输入命令：OPTIONS 或者 OP。

图 1-1-14　鼠标右击"选项"　　　　　　　图 1-1-15　应用程序菜单栏选项

　　单击"选项"后，弹出"选项"对话框，选择"系统"选项卡，如图 1-1-16 所示。在图 1-1-16 中设置"帮助和欢迎"屏幕，设置完成后重新启动软件环境，将不显示该窗口或欢迎屏幕；若要在欢迎窗口关闭后重新开启，需在工作空间中点击"访问帮助"按钮，如图 1-1-17 所示，在下拉菜单中选择"欢迎屏幕"，将弹出"帮助和欢迎"屏幕，如图 1-1-18 所示。在图 1-1-18 中勾选启动时显示，重新启动 CAD 时将显示欢迎屏幕。在

"帮助和欢迎"屏幕窗口中选择"新建"，如图 1-1-19 所示，随后屏幕弹出"选择样板"窗口，如图 1-1-11 所示。在图 1-1-11 中单击"打开"按钮，进入"新建图形文件"的操作界面，如图 1-1-12 所示。

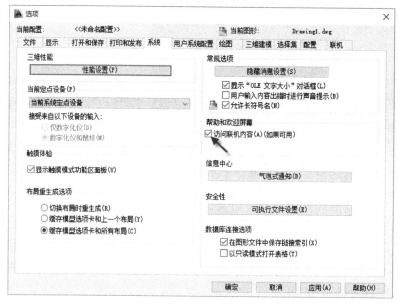

图 1-1-16   选项对话框中的"系统"选项卡

图 1-1-17   访问帮助按钮

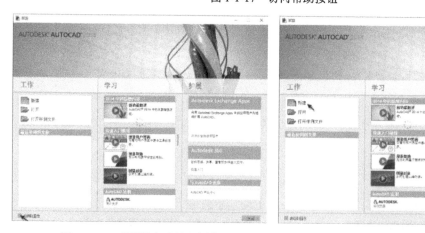

图 1-1-18   "帮助和欢迎"屏幕   图 1-1-19   欢迎屏幕中新建图形文件

方法四：在操作界面的命令栏中输入命令：qnew 或 new。

（三）保存图形文件

用户可以将绘制的图形以文件形式进行存盘，存盘的图形文件格式为*.dwg。可用 3 种方法进行图形文件的保存。

方法一：单击左上的应用程序菜单栏中的"文件"选项，在下拉选项中选择"保存"（或"另存为"）。

方法二：单击工具栏中的"保存"按钮 ![保存按钮] 或"另存为"按钮 ![另存为按钮]。

方法三：在操作界面的命令栏中输入命令：save 或 saveas 或 Qsave。

（四）加密图形文件

在保存图形文件时可同步进行文件加密，加密后的图形文件只有在知道密码的情况下才能打开。方法：在"图形另存为"对话框中，单击"工具"下拉菜单，在下拉菜单中选择"安全选项"，如图 1-1-20 所示。在弹出的"安全选项"对话框中设置密码，单击"确定"后完成，如图 1-1-21 所示。

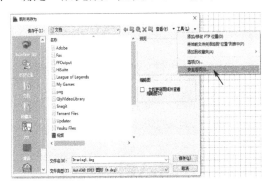

图 1-1-20　图形另存为对话框　　　　　图 1-1-21　安全选项对话框

（五）关闭图形文件

可用 3 种方法进行图形文件的关闭。

方法一：双击"应用程序菜单"按钮，自动关闭并退出软件。

方法二：单击"应用程序菜单栏"，在下拉选项中选择"关闭"。

方法三：单击绘图区域右端的"关闭"按钮即可。

（六）打开已有的图形文件

可用三种方法打开已有的图形文件。在此，以打开已有的默认工作文件格式的图形文件为例。

方法一：单击左上的菜单栏中的"文件"选项，在下拉选项中选择"打开"，如图 1-1-22所示。选择现有的图形文件后，屏幕弹出"选择样板"窗口。在文件类型中选择"图形（* .dwg）"，进入选择文件对话框，如图 1-1-23 所示。

方法二：单击工具栏中的"打开"按钮 ![打开按钮]，弹出一个"选择文件"对话框，如图 1-1-23所示。

方法三：在操作界面的命令栏中输入命令：open，弹出一个"选择文件"对话框，如图 1-1-23 所示。

"选择文件"对话框出现后，在图 1-1-23 中双击文件列表中的文件名（文件类型 .dwg），或输入文件名（不需要后缀），然后单击"打开"按钮，完成已有图形文件的打开。

图 1-1-22　菜单栏中打开已有图形文件　　　　图 1-1-23　"选择文件"对话框

任务 **2**　软件的操作界面认识

一、任务介绍

通过现场操作、小组讨论交流等活动，学生在电气仿真实训室内打开 AutoCAD 2014 简体中文版软件，对软件的操作界面进行观察，全面认识操作界面的组成和功能，并能熟练地在操作界面进行简单的平面图形绘制。

二、任务分析

软件的操作界面是 AutoCAD 2014 简体中文版软件的基本功能的基础，通过本次任务的学习，让学生能熟练地在操作界面上进行工作空间的转换、绘图环境设置；在操作界面上通过掌握的基本输入操作来进行简单的平面图形绘制，为后面章节的学习打下坚实基础。

三、知识点导航

（一）AutoCAD 2014 简体中文版软件的操作界面

AutoCAD 2014 软件启动后，显示的是默认的工作空间，用户将进入"草图与注释"工作界面。该界面由应用程序菜单按钮、快速访问工具栏、标题栏、菜单栏、信息中心、功能区选项板、绘图区、十字光标、命令行与文本窗口、状态栏这些主要组成部分构成。

主要组成部分在工作界面上的位置分布和功能如下。

1. 应用程序菜单栏

应用程序菜单栏位于操作界面的左上方，该菜单可以快速地进入创建新图形文件、打开已有图形文件、保存（另存为）图形文件、输出和关闭图形文件、打印图形文件、图形实用工具、退出 AutoCAD 2014 简体中文版软件等操作。应用程序菜单栏如图 1-2-1 所示。

2. 快速访问工具栏

快速访问工具栏位于应用程序菜单按钮右侧，其包含最常用的操作快捷键按钮。在默认状态下包括"新建"按钮、"打开"按钮、"保存"按钮、"另存为"按钮、"打印"按钮、"放弃"按钮、"重做"按钮和带下拉菜单的展开按钮。快速访问工具栏如图 1-2-2 所示。

图 1-2-1　应用程序菜单栏

图 1-2-2　快速访问工具栏

3. 标题栏

标题栏位于绘图窗口最上端，用于显示 CAD 在启动时创建并打开的图形文件的名称，还包含搜索区、帮助按钮等。标题栏如图 1-2-3 所示。

Autodesk AutoCAD 2014　　　　Drawing1.dwg

程序名　　　　　　　文件名

图 1-2-3　标题栏

4. 菜单栏

菜单栏位于标题栏的下方，涵盖所有的绘图命令和编辑命令。共有 12 个菜单，分别是"文件"、"编辑"、"视图"、"插入"、"格式"、"工具"、"绘图"、"标注"、"修改"、"参数"、"窗口"和"帮助"。菜单栏如图 1-2-4 所示。"草图与注释"工作空间中，默认状态下的菜单栏是关闭的。

电气 CAD 应用与实践（AutoCAD 2014）

文件(F)　编辑(E)　视图(V)　插入(I)　格式(O)　工具(T)　绘图(D)　标注(N)　修改(M)　参数(P)　窗口(W)　帮助(H)

图 1-2-4　菜单栏

5. 信息中心

信息中心位于标题栏的右侧，提供多种信息来源，包含了搜索区、帮助按钮等。信息中心如图 1-2-5 所示。

搜索区　　　　　　　　帮助

图 1-2-5　信息中心

6. 功能区选项板

功能区选项板位于绘图区的上方，是菜单和工具栏的主要替换工具。AutoCAD 2014 简体中文版软件中包含多个选项卡，每个选项卡又包含若干面板，每个样板包含若干的命令按钮，选项卡与面板均可浮动。选项卡共有 10 个，分别是"默认"、"插入"、"注释"、"布局"、"参数化"、"视图"、"管理"、"输出"、"插件"、"Autodesk 360"、"精选应用"。功能区选项板如图 1-2-6 所示。

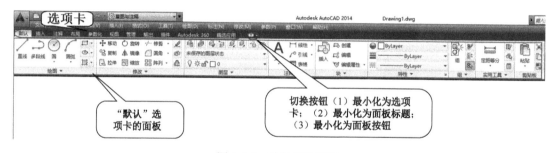

"默认"选项卡的面板

切换按钮（1）最小化为选项卡；（2）最小化为面板标题；（3）最小化为面板按钮

图 1-2-6　功能区选项板

7. 绘图区

工作界面中央的空白区域为图形窗口，也称绘图区。用户进行绘制的区域，显示当前的绘图结果、坐标系类型、导航栏以及坐标原点、X 轴、Y 轴、Z 轴的方向、控制显示 View Cube 等。绘图区如图 1-2-7 所示。

8. 十字光标

十字光标位于绘图区内，如图 1-2-7 所示。

9. 命令行与文本窗口

命令行与文本窗口位于绘图区下方，用于显示输入的命令、步骤、提示信息等，当输入命令错误时会自动更正成最接近且有效的命令。命令行窗口如图 1-2-8 所示。当命令行与文本窗口关闭后，通过菜单栏选择"工具/命令行"或者在键盘上按下组合键 Ctrl+9 重新显示。文本窗口与命令行窗口的作用相似，文本窗口的显示可通过键盘上功能键 F1 激活在线帮助窗口来查询。

10. 状态栏

状态栏位于屏幕底部，用于显示 CAD 的当前状态，状态栏如图 1-2-9 所示。其中状态托盘包含了模型空间和布局空间转换工具，以及一些常见的显示和注释工具。

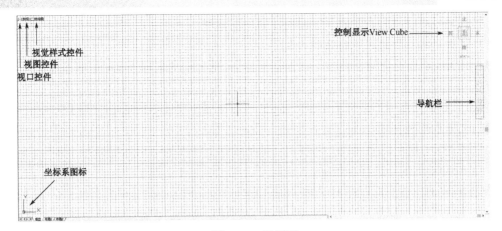

图 1-2-7　绘图区

图 1-2-8　命令行窗口

图 1-2-9　状态栏

AutoCAD 2014 简体中文版默认工作界面的组成如图 1-2-10 所示。

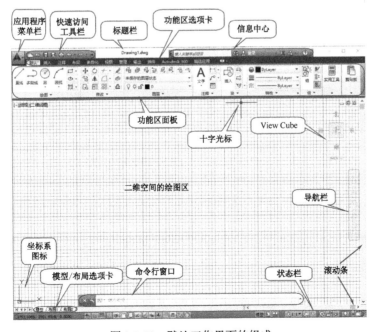

图 1-2-10　默认工作界面的组成

（二）AutoCAD 2014 简体中文版软件的坐标系统

1. 世界坐标系和用户坐标系的定义

AutoCAD 虚拟的空间必须有一个基准坐标系，称为世界坐标系 WCS，默认状态为 WCS 坐标系。使用者根据自己的需要，有时需要调整坐标系的原点、旋转角度、方向、位置等，调整后的坐标系就是用户坐标系 UCS。UCS 可以随便定义，但 WCS 是始终不变的。

2. 坐标系统的表达方式

AutoCAD 中使用的坐标系有两种，一种是数学上使用的笛卡尔坐标系（直角坐标系），另一种是辅助绘图使用的极坐标系。

坐标系统的表达方式有绝对坐标和相对坐标之分。

（1）绝对坐标：以原点（0，0，0）为基点定位所有的点。绝对直角坐标：绘图区内任何一点均可以用 x，y，z 来表示，在二维平面绘图时，Z 坐标缺省值为 0，用户仅输入 X、Y 坐标即可，表示方法：x，y；绝对极坐标：极坐标是通过相对于极点的距离和角度来定义点的位置的，表示方法是：距离 < 角度，其中默认逆时针方向为正方向，角度以东方为 0°。

（2）相对坐标：相对坐标是某点相对某一特定点的位置，绘图中常将上一操作点看成特定点，相对坐标的表示特点是，在坐标前加上相对坐标符号"@"。相对直角坐标的表示方法：@x，y；相对极坐标的表示方法：@距离 < 角度。

（三）AutoCAD 2014 简体中文版软件的绘图环境设置

在使用 AutoCAD 2014 简体中文版软件绘图前，必须进行绘图环境设置。步骤为：（1）新建图形文件，在"选择样板"对话框中选择所需的样板文件。（2）设置绘图环境内容。（3）保存样板。将设置完成的图形文件保存为 DWT 样板文件。

设置绘图环境的内容包括：绘图单位、图形界限、系统环境。

1. 绘图单位

设置方法：菜单栏中选择"格式/单位"命令，如图 1-2-11 所示，或者在应用程序菜单栏中选择"图形实用工具/单位"命令，或者在命令行窗口输入 UNITS 或 DDUNITS 或 UN 命令，打开图形单位对话框，如图 1-2-12 所示，在图 1-2-12 中设置长度和角度的单位与精度。

图 1-2-11　菜单栏选择"格式/单位"

图 1-2-12　"图形单位"对话框

2. 图形界限

AutoCAD 中默认的绘图界限是无限大的，要在指定的图纸大小空间进行绘图，必须设置绘图时的图形边界。当在 AutoCAD 软件中设置了图形界限并启用图形界限功能时，超出绘图界限的操作将无法执行。设置方法：菜单栏中选择"格式/图形界限"命令，或者在命令行窗口输入 LIMITS 命令启动"图形界限"命令，对绘图区进行设置。例如，以 A3 图纸为例，创建 420×297 的矩形区域为图形界限，并开启图形界限检查功能。图形界限的设置如图 1-2-13 所示。

```
命令: LIMITS
重新设置模型空间界限:
指定左下角点或 [开(ON)/关(OFF)] <0.0000,0.0000>: 0,0
指定右上角点 <420.0000,297.0000>: 420,297
命令: LIMITS
重新设置模型空间界限:
指定左下角点或 [开(ON)/关(OFF)] <0.0000,0.0000>: ON
```

图 1-2-13 A3 图纸的图形界限设置

3. 系统环境

用户可以方便地对系统环境下绘图区域的背景、命令行字体、文件数量、打印设置等属性进行设置。设置方法：启动"选项"命令，在选项对话框中进行属性设置。

（四）AutoCAD 2014 简体中文版软件的基本输入操作

1. 命令的输入方法

AutoCAD 在绘图时需要输入相对应的命令。输入方法有以下 6 种：

（1）选择菜单选项；

（2）选择工具按钮图标；

（3）在绘图区打开即时产生的右键快捷菜单选项；

（4）在命令行窗口直接输入命令名或命令缩写字；

（5）在命令行窗口打开右键快捷菜单；

（6）使用键盘上的快捷键。

2. 命令的结束方法

按"Esc"或者"Enter"键，或者在绘图区打开右键快捷菜单选项选择"确认"。

3. 命令的重复、撤销、重做的操作方法

（1）命令重复的操作方法：在命令行窗口中按下"Enter"键。

（2）命令撤销的操作方法：在命令行窗口中输入命令：UNDO，或者在键盘上按下快捷键 Esc，或者在菜单栏中选择"编辑/放弃"命令，或者在快速访问工具栏中选择"放弃"按钮  。

（3）命令重做的操作方法：在命令行窗口中输入命令：REDO，或者在菜单栏中选择"编辑/重做"命令，或者在快速访问工具栏中选择"重做"按钮 。

四、任务实施

本学习任务在电气仿真实训室完成。任务具体实施步骤如下。

活动 1 AutoCAD 2014 操作界面的认识

（一）在操作界面下完成下述任务

1. 工作空间的切换

切换工作空间："草图与注释"工作空间→"AutoCAD 经典"工作空间。

方法一： 状态栏切换。单击状态栏上的"切换工作空间"按钮，在弹出的子菜单中选择"AutoCAD 经典"工作空间，如图 1-2-14 所示。

方法二： 快速访问工具栏切换，如图 1-2-15 所示。

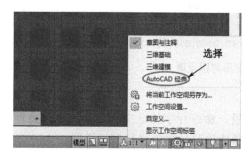
图 1-2-14 状态栏切换

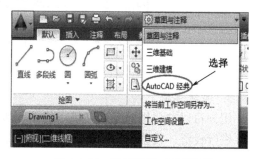
图 1-2-15 快速访问工具栏切换

方法三： 选择"工具/工作空间"菜单命令，在子菜单中选择要切换的工作空间。由于"草图与注释"工作空间中，默认状态下的菜单栏是关闭的，因此可先通过自定义快速访问工具栏下拉表进行菜单栏显示设置，如图 1-2-16 所示，菜单栏显示后，选择工具栏进行切换，如图 1-2-17 所示。

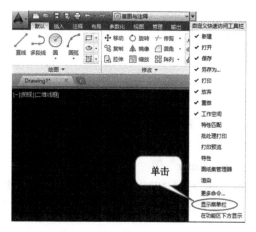
图 1-2-16 菜单栏显示设置

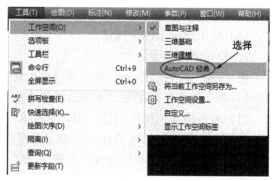
图 1-2-17 工具/工作空间菜单命令切换

2. 修改十字光标大小

例如：将绘图区中的十字光标的大小由系统变量 5 改到 8。光标大小的修改属于显示选项卡的内容，修改方法如图 1-2-18 所示。

3. 绘图区颜色的修改

例如：将二维模型空间的统一背景修改成白色。

步骤如下：

（1）打开"选项"对话框中的"显示"选项卡，单击"显示文件选项卡"中的颜色按钮，如图 1-2-19 所示。

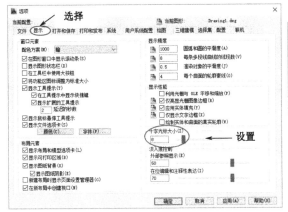

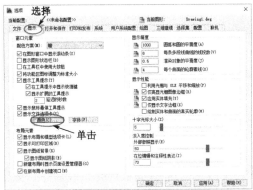

图 1-2-18　选项对话框中的"显示"选项卡　　　　图 1-2-19　选项对话框中的"显示"选项卡

（2）弹出图形窗口颜色对话框，在对话框左侧的"上下文"字样中选择二维模型空间，中间的"界面元素"列表中选择统一背景，并打开对话框右侧的"颜色"字样下拉表，在表中选择白色。"图形窗口颜色"对话框如图 1-2-20 所示。

（3）单击"应用并关闭"按钮，完成绘图区的颜色修改，如图 1-2-21 所示。

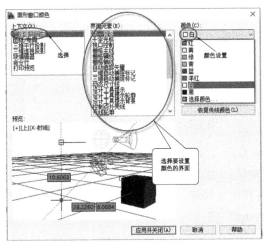

图 1-2-20　"图形窗口颜色"对话框　　　　图 1-2-21　绘图区的统一背景为白色

（二）综合任务

（1）完成从"草图与注释"工作空间→"三维建模"空间的切换，在显示中要求十字光标的大小为 10，将命令行的命令历史记录背景设置为绿色。

（2）自定义绘图环境。以 A2 图纸为例，创建 594×420 的矩形区域为图形界限，并开启图形界限检查功能；图形单位中长度设置为精度 0.0、类型小数，角度设置为类型弧度，精度 0.0r；命令行的字体设置为仿宋，字形设置为常规，字号为 11；在状态栏中隐藏坐标值和线宽按钮的显示。

活动 2 调用命令绘制直线段

在 AutoCAD 中的直线是图形中最常见、最简单的图形文件。直线命令用于绘制两点之间的直线段。

1. 直线命令的调用方法

方法一：功能区选择。选择"默认"选项卡/"绘图"面板/"直线"按钮，如图 1-2-22 所示。

方法二：命令行窗口选择。直接在命令行窗口输入命令名 Line 或命令缩写字 L。

2. 调用功能区选项板，绘制一段起点坐标为（20，5）、长度为 100 的直线

步骤如下。

（1）在功能区面板选择直线命令，如图 1-2-22 所示；

（2）打开状态栏下的"动态输入"，移动鼠标到绘图区时在十字光标附近出现动态输入栏，如图 1-2-23 所示。在图 1-2-23 中的输入栏内输入第一个点（A 点）的绝对直角坐标（20，35）；

图 1-2-22　功能区面板选择直线命令

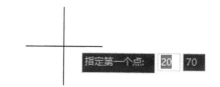

图 1-2-23　动态输入栏

（3）打开状态栏下的"正交模式"和"栅格显示"，动态输入栏在第 2 点和后续点的默认设置为相对极坐标输入方式，不需要输入@符号，如图 1-2-24 所示；

（4）在图 1-2-24 中，鼠标沿着第一个点向右水平偏移，在保证偏移角度为 0° 的前提下，在动态输入栏中输入偏移距离 100，按"Enter"键；

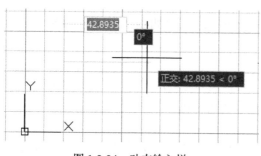

图 1-2-24　动态输入栏

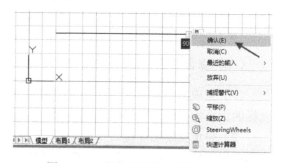

图 1-2-25　鼠标右键退出直线命令

（5）直线段完成后结束直线命令，则打开右键快捷菜单选项选择"确认"，退出直线命令，如图 1-2-25 所示。

绘制结果如图 1-2-26 所示。

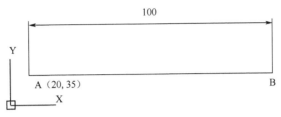

图 1-2-26　绘制直线段

3. 拓展训练

用直线命令 Line 绘制一个矩形，要求分别用绝对坐标值和相对坐标值的输入方式完成。矩形的四个顶点分别是 A、B、C、D，已知 A 点的绝对坐标值为（20，35），矩形长 80、宽 60。矩形的参数如图 1-2-27 所示。

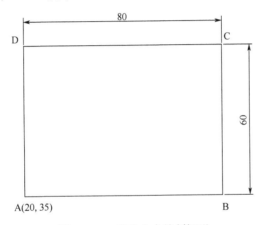

图 1-2-27　直线命令绘制矩形

活动 3　调用命令绘制矩形、多边形

（一）绘制矩形

绘制矩形，用户可以选择多种方法进行图形绘制。在 AutoCAD 中设置了许多常用二维图形的绘图命令，例如通过矩形命令，用户可绘制具有倒角和圆角的矩形或者根据面积绘制矩形或者根据长和宽绘制矩形。

1. 矩形命令的调用方法

方法一：功能区选择。选择"默认"选项卡/"绘图"面板/"矩形"按钮，如图 1-2-28 所示。

方法二：命令行窗口选择。直接在命令行窗口输入命令名 RECTANG 或命令缩写字 rec。

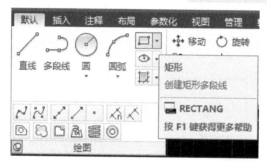

图 1-2-28　功能区面板选择"矩形"命令

2. 调用命令行窗口绘制长 50、宽 30、倒角 5 的矩形。

步骤如下：

（1）在命令行窗口输入命令名：RECTANG，按"Enter"键；

（2）在命令行窗口选择倒角命令：输入字母 C，按"Enter"键；

（3）在命令行窗口输入倒角距离：5，按"Enter"键；

（4）指定第一个角点：用鼠标在绘图区任意位置单击；

（5）在命令行窗口选择面积命令：输入字母 A，按"Enter"键；

（6）在命令行窗口输入矩形面积：1500，按"Enter"键；

（7）在命令行窗口选择计算矩形标注时的依据：输入字母 L，按"Enter"键；

（8）在命令行窗口输入矩形长度：50，按"Enter"键完成。

绘图结果和命令行历史记录如图 1-2-29 和图 1-2-30 所示。

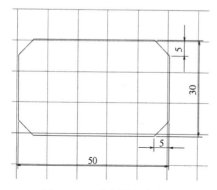

```
命令: RECTANG
当前矩形模式:  倒角=5.0000 x 5.0000
指定第一个角点或 [倒角(C)/标高(E)/圆角(F)/厚度(T)/宽度(W)]: C
指定矩形的第一个倒角距离 <5.0000>: 5
指定矩形的第二个倒角距离 <5.0000>: 5
指定第一个角点或 [倒角(C)/标高(E)/圆角(F)/厚度(T)/宽度(W)]:
指定另一个角点或 [面积(A)/尺寸(D)/旋转(R)]: A
输入以当前单位计算的矩形面积 <1500.0000>: 1500
计算矩形标注时依据 [长度(L)/宽度(W)] <长度>: L
输入矩形长度 <50.0000>: 50
```

图 1-2-29　绘制带倒角的矩形　　　　图 1-2-30　命令行历史记录

3. 拓展训练

应用直线命令 Line 绘制一个矩形，要求用相对坐标值的输入方式；在完成的矩形中进行倒角，需要调用什么修改命令呢？要求绘制结果为一个带倒角的矩形，参数大小如图 1-2-23 所示。（不用进行标注）

（二）绘制多边形

多边形除了使用"直线""多段线"命令绘制外，还可以采用正多边形命令绘制。正多边形命令可以创建等边闭合多段线，特点是每个多段线都相等。通过正多边形命令可通过指定中心点或者通过指定边绘制多边形。

1. 正多边形命令的调用方法

方法一：功能区选择。选择"默认"选项卡/"绘图"面板/"多边形"按钮，如图 1-2-31 所示。

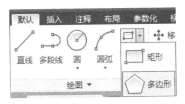

图 1-2-31　功能区面板选择"多边形"命令

方法二：命令行窗口选择。直接在命令行窗口输入命令名 Polygon 或命令缩写字 pol。

2. 调用功能区选项板，绘制一个内接于半径为 20 的圆的正五边形

步骤如下：

（1）在功能区面板选择"多边形"命令，如图 1-2-31 所示；

（2）打开状态栏下的"动态输入"，移动鼠标到绘图区时在十字光标附近出现动态输入栏，在栏中输入数字 5，如图 1-2-32 所示。

（3）按"Enter"键，进入指定正多边形的中心点或"边（E）"，如图 1-2-33 所示。

图 1-2-32　动态输入栏

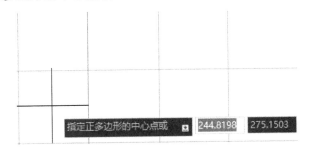

图 1-2-33　指定正多边形的中心点或"边（E）"

（4）用鼠标左键在绘图区内任意单击，弹出"输入选项"，如图 1-2-34 所示。

（5）在图 1-2-34 中，鼠标选择内接于圆，进入圆的半径设置，如图 1-2-35 所示。

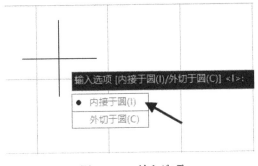

图 1-2-34　输入选项

图 1-2-35　圆的半径设置

（6）在动态输入栏中输入数字 20，按"Enter"键完成。

绘图结果和命令行历史记录如图 1-2-36 和图 1-2-37 所示。

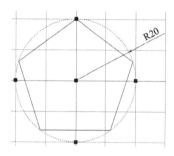

图 1-2-36　绘制内接正五边形

```
命令：POLYGON
输入侧面数 <4>：5
指定正多边形的中心点或 [边(E)]：
输入选项 [内接于圆(I)/外切于圆(C)] <I>：I
指定圆的半径：20
```

图 1-2-37　命令行历史记录

3. 拓展训练

调用多边形命令和圆命令完成如图 1-2-38 所示。（不用进行标注）

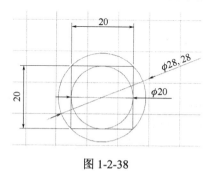

图 1-2-38

活动 4　调用命令绘制圆、椭圆、圆环

（一）绘制圆

在 AutoCAD 中的圆命令向用户提供了 6 种绘制圆形的方式。

1. 圆命令的调用方法

方法一：功能区选择。选择"默认"选项卡/"绘图"面板/"圆"按钮，如图 1-2-39 所示。

方法二：命令行窗口选择。直接在命令行窗口输入命令名 CIRCLE 或命令缩写字 c。

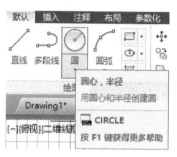

图 1-2-39　功能区面板选择圆命令

2. 调用功能区面板，运用圆心、直径的方式绘制一个直径为 50 的圆

步骤如下：

（1）选择"默认"选项卡/"绘图"面板/"圆"按钮，如图 1-2-39 所示；

（2）打开状态栏下的"动态输入"，移动鼠标到绘图区时在十字光标附近出现动态输入栏提示，如图 1-2-40 所示；

图 1-2-40　动态输入栏提示　　　　　　　　　图 1-2-41　动态输入栏提示

（3）在绘图区用鼠标左键任意指定圆心，进入下一步指定圆的半径或直径，如图 1-2-41 所示；

（4）在键盘上按"下箭头"键查看和选择选项，如图 1-2-42 所示；

（5）在图 1-2-42 中使用鼠标单击"直径"选项，进入下一步指定圆的直径，如图 1-2-43 所示。

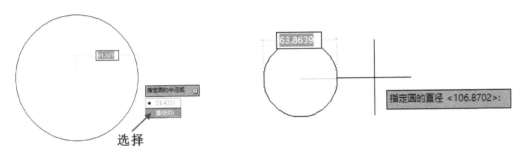

图 1-2-42　选择"直径"选项　　　　　　　　　图 1-2-43　指定圆的直径

（6）在图 1-2-43 的动态输入栏中输入直径的数值：50，按"Enter"键完成。

绘图结果和命令行历史记录如图 1-2-44 和图 1-2-45 所示。

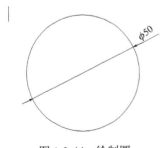

```
命令: _circle
指定圆的圆心或 [三点(3P)/两点(2P)/切点、切点、半径(T)]:
指定圆的半径或 [直径(D)] <53.4351>: D
指定圆的直径 <106.8702>: 50
```

图 1-2-44　绘制圆　　　　　　　　　图 1-2-45　命令行历史记录

3. 拓展训练

用圆命令做等腰直角三角形的内切圆，如图 1-2-46 所示。

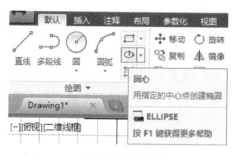

图 1-2-46

（二）绘制椭圆

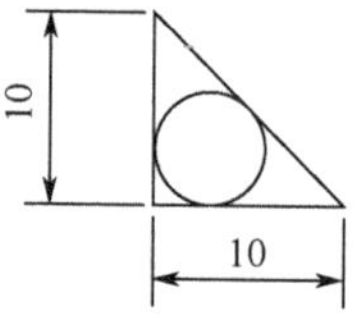

在 AutoCAD 中的椭圆命令不仅提供了绘制椭圆的两种方法，还可以绘制椭圆弧。椭圆主要由三个参数（中心点、长轴、短轴）描述，绘制椭圆弧需要确定起始点和终点。

1. 椭圆命令的调用方法

方法一：功能区选择。选择"默认"选项卡/"绘图"面板/"椭圆"按钮，如图 1-2-47 所示。

方法二：命令行窗口选择。直接在命令行窗口输入命令名 ELLIPSE 或命令缩写字 el。

图 1-2-47　功能区面板选择椭圆命令

2. 调用命令行窗口绘制一个长轴为 200、短轴为 140，起始角度为 90°，包含角度 180° 的椭圆弧。

步骤如下：

（1）在命令行窗口输入命令名：ELLIPSE，按"Enter"键；

（2）在命令行窗口选择圆弧命令：输入字母 A，按"Enter"键；

（3）指定椭圆弧的轴端点：用鼠标左键在绘图区内任意单击；

（4）在命令行窗口指定轴的另一个端点：200，按"Enter"键；

（5）在命令行窗口指定另一条半轴长度：70，按"Enter"键；

（6）在命令行窗口指定圆弧起点角度：90，按"Enter"键；

（7）在命令行窗口选择圆弧包含角度：输入字母 I，按"Enter"键；

（8）在命令行窗口指定圆弧包含的角度：180，按"Enter"键完成。

绘图结果和命令行历史记录分别如图 1-2-48 和图 1-2-49 所示。

```
命令: ELLIPSE
指定椭圆的轴端点或 [圆弧(A)/中心点(C)]: A
指定椭圆弧的轴端点或 [中心点(C)]:
指定轴的另一个端点: 200
指定另一条半轴长度或 [旋转(R)]: 70
指定起点角度或 [参数(P)]: 90
指定端点角度或 [参数(P)/包含角度(I)]: I
指定圆弧的包含角度 <180>: 180
```

图 1-2-48　绘制椭圆弧　　　　　图 1-2-49　命令行历史记录

（三）绘制圆环

在 AutoCAD 中的圆环命令用于绘制指定内外直径的圆环，当输入内径为 0、外径为大于 0 的数值时，可绘制成填充圆。

1. 圆环命令的调用方法

方法一：功能区选择。选择"默认"选项卡/"绘图"下拉面板/"圆环"按钮，如图 1-2-50 所示。

方法二：命令行窗口选择。直接在命令行窗口输入命令名 DONUT。

图 1-2-50　功能区面板选择"圆环"命令

2. 调用命令行窗口绘制一个内径为 6、外径为 9 的圆环

绘图结果和命令行历史记录分别如图 1-2-51 和图 1-2-52 所示。

图 1-2-51　绘制圆环

```
命令：DONUT
指定圆环的内径 <0.5000>：6
指定圆环的外径 <1.0000>：8
指定圆环的中心点或 <退出>：
指定圆环的中心点或 <退出>：
```

图 1-2-52　历史命令行记录

3. 拓展训练

调用圆环命令和修剪命令绘制一个实心半圆，如图 1-2-53 所示。

图 1-2-53　实心半圆

五、项目评价

1. 每组选派一名代表以 PPT、录像或影片的形式向全班展示、汇报学习成果。

2. 在每位代表展示结束后，其他每组请选派一名代表进行简要点评。

学生代表点评记录

3. 项目评价

项目评价表

评价内容	学习任务	配分	评分标准	得分
专业能力	任务 1　软件的安装与运行	40	完成任务，能掌握安装的步骤得 10 分；能掌握软件程序的启动方法和停止方法得 10 分；掌握图形文件管理的方法得 10 分；人员设备安全得 5 分；遵守纪律，积极合作，工位整洁得 5 分。没完成此题不得分。	
	任务 2　软件的操作界面认识	40	完成任务，在操作界面上完成相关操作得 10 分；正确掌握命令的调用方法绘制二维图形得 10 分；绘制的二维图形清晰、正确得 10 分；人员设备安全得 5 分；遵守纪律，积极合作，工位整洁得 5 分。没完成此题不得分。	
方法能力	任务 1～任务 2 整个工作过程	10	信息收集和筛选能力、制定工作计划、独立决策、自我评价和接受他人评价的承受能力、计算机应用能力。根据任务 1～任务 2 的工作过程表现评分。	
社会能力	任务 1～任务 2 整个工作过程	10	团队协作能力、沟通能力、对环境的适应能力、心理承受能力。根据任务 1～任务 2 的工作过程表现评分。	
总得分				

4. 指导老师总结与点评记录

_____

_____

_____

_____

_____

_____

_____

5. 学习总结

_____

_____

_____

_____

_____

_____

_____

_____

项目一习题

一、简答题

1．在 AutoCAD 2014 简体中文版软件中，新建图形文件的方法分别有哪些？

2．在 AutoCAD 2014 简体中文版软件中，启动时创建并打开的图形文件的格式是什么？

3．在 AutoCAD 2014 简体中文版软件中，点坐标的表达方式有哪几种？

二、单项选择题

1．在 AutoCAD 2014 简体中文版软件中，通过（　　）创建标准图形文件。

    A．文件→另保存→ *.dwg　　　　　　B．文件→新建→ *.dws

    C．文件→保存→ *.dwg　　　　　　　D．文件→另保存→ *.dws

2．极坐标表示相对于极点距离 15、角度为 45 的某个点，表示方法是（　　）。

    A．15 < 45　　　　B．@15 < 45　　　　C．15，45　　　　D．@15，45

3．在 AutoCAD 2014 简体中文版软件中，默认的工作空间的功能区选项卡不包含（　　）内容。

    A．默认　　　　　B．修改　　　　　C．注释　　　　　D．输出

项目二

低压元器件安装图绘制

项目描述

计算机辅助设计是指利用计算机及其图形设备帮助设计人员进行设计工作，简称CAD。在工程和产品设计中，计算机可以帮助设计人员担负计算、信息存储和制图等项工作。在设计中通常要用计算机对不同方案进行大量的计算、分析和比较，以决定最优方案；各种设计信息，不论是数字的、文字的或图形的，都能存放在计算机的内存或外存里，并能快速地检索；设计人员通常用草图开始设计，将草图变为工作图的繁重工作可以交给计算机完成；由计算机自动产生的设计结果，可以快速做出图形显示出来，使设计人员及时对设计做出判断和修改；利用计算机可以进行与图形的编辑、放大、缩小、平移和旋转等有关的图形数据加工工作。CAD能够减轻设计人员的劳动，缩短设计周期和提高设计质量。

本项目将针对电气学科中低压电器元件进行CAD绘制，以及学习CAD绘制方法和技巧，并介绍绘制注意事项，让大家在了解电气元器件安装图的同时掌握CAD绘制的方法，为今后使用CAD绘图打下基础。

学习任务

任务1 物体投影体系和行程开关的安装图；
任务2 绘制CJX2-0910型交流接触器的安装图。

学习目标

1. 熟悉投影体系；
2. 熟悉正投法的基本原理；
3. 绘制行程开关的安装图；
4. 绘制CJX2-0910型交流接触器的安装图。

学习资源

计算机、智能手机、AutoCAD 2014软件、国家资源库。

学习方法

行动导向学习法、讨论学习法、合作学习法、自由作业法、4阶段学习法、任务驱动学习法、比较学习法、听讲学习法、跟踪学习法、探索式学习法。

课时安排

建议：18课时。

任务 **1**　物体投影体系与行程开关的安装图

一、任务介绍

实际工程中的各种技术图样，都是按一定的投影方法绘制的，电气图样通常是用正投影法绘制。本任务首先介绍投影法基本体系的知识和视图，再讨论投影原理，为学习后面的内容奠定基础。

综合应用"图形的偏移功能""图形的选择功能""图形的复制功能"以及"矩形的绘制"等，绘制行程开关安装图。安装图的最终绘制结果如图 2-1-1 所示。

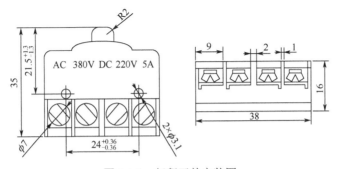

图 2-1-1　行程开关安装图

二、任务分析

在绘制电气安装图时，俯视图和正视图是我们绘制的最主要内容。通过学习投影体系和三视图，能够正确绘制电气元器件的安装图，首先要学会如何去识读相应安装图通过"矩形的绘制功能""直线的偏移功能""图形的边角修饰功能"以及"直线的旋转功能"等相关操作方式，绘制常用低压电器。在安装图绘制的同时，注意文字和标志的使用方法。

三、知识点导航

（一）投影的概念

在日常生活中，人们经常可以看到，物体在阳光或灯光的照射下，就会在地面或墙面上留下影子。这种影子的内部灰黑一片，只能反映物体外形的轮廓，而上部形状则被黑影所代替，不能表达物体的本来面目，如图 2-1-2（a）所示。

人们对自然界的这一物理现象加以科学的抽象和概括，把光线抽象为投影线，把物体抽象为形体（只研究其形状、大小、位置，而不考虑它的物理性质和化学性质的物体），把地面抽象为投影面，即假设光线能穿透物体，而将物体表面上的各个点和线都在承接影子的平面上落下它们的影子，从而使这些点、线的影子组成能够反映物体形状的"线框图"，如图 2-1-2（b）所示。我们把这样形成的"线框图"称为投影。

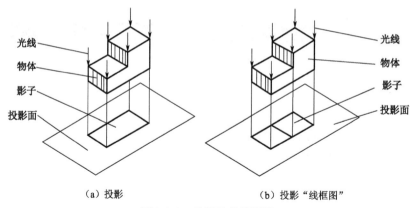

（a）投影　　　　　　　　　（b）投影"线框图"

图 2-1-2　投影及其线框图

能够产生光线的光源称为投影中心，光线称为投影线，承接影子的平面称为投影面。这种把空间形体转化为平面图形的方法称为投影法。

要产生投影必须具备：投影线、形体、投影面，这就是投影的三要素，如图 2-1-3 所示。

根据投影线之间的相互关系，可将投影分为中心投影和平行投影。

1. 中心投影

当投影中心 S 在有限的距离内，所有的投影线都交汇于一点，这种方法所产生的投影，称为中心投影，如图 2-1-4 所示。

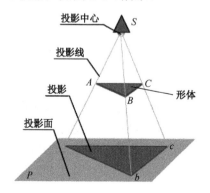

图 2-1-3　投影三要素

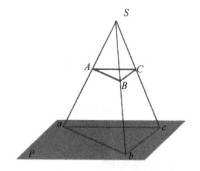

图 2-1-4　中心投影

2. 平行投影

把投影中心 S 移到离投影面无限远处，则投影线可视为互相平行，由此产生的投影称为平行投影。平行投影的投影线互相平行，所得投影的大小与物体离投影中心的距离无关。

根据投影线与投影面之间的位置关系，平行投影又分为斜投影和正投影两种：投影线与投影面倾斜时称为斜投影，如图 2-1-5（a）所示；投影线与投影面垂直时称为正投影，如图 2-1-5（b）所示。

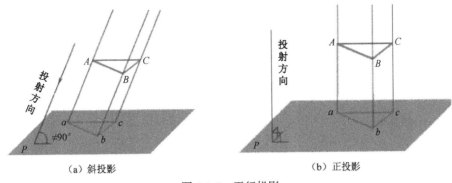

（a）斜投影　　　　　　　　　（b）正投影

图 2-1-5　平行投影

（二）正投影法基本原理

工程上绘制图样的方法主要是正投影法。这种方法画图简单，画出的图形真实，度量方便，能够满足设计与施工的需要。

用一个投影图来表达形体的形状是不够的。如图 2-1-6 所示，四个形状不同的物体在投影面 H 上具有相同的正投影，单凭这个投影图来确定物体的唯一形状，是不可能的。

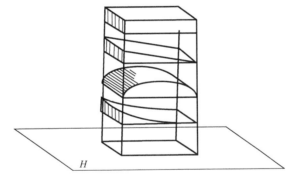

图 2-1-6　投影图

如果对一个较为复杂的形体，只向两个投影面做投影时，其投影就只能反映它两个面的形状和大小，亦不能确定形体的唯一形状。如图 2-1-7 所示三个形体，它们的 H、V 投影相同，要凭这两面的投影来区分它们的形状，是不可能的。可见，若使正投影图唯一确定物体的形状，就必须采用多面正投影的方法，为此，我们设立了三面投影体系。

1. 三面投影体系的建立

为了使正投影图能唯一确定较复杂形体的形状，我们设立了三个互相垂直的平面作为投影面，组成一个三面投影体系，如图 2-1-7 所示。水平投影面用 H 标记，简称水平面或 H 面；正立投影面用 V 标记，简称正立面或 V 面；侧立投影面用 W 标记，简称侧面或 W 面。两投影面的交线称为投影轴，H 面与 V 面的交线为 OX 轴，H 面与 W 面的交线为 OY 轴，V 面与 W 面的交线为 OZ 轴，它们也互相垂直，并交汇于原点 O。

2. 三面投影图的形成

将形体放置于三面投影体系中，并注意安放位置适宜，即把形体的主要表面与三个投影面对应平行，然后用三组分别垂直于三个投影面的平行投影线进行投影，即可得到三个方向的正投影图，如图 2-1-8 所示。从上向下投影，在 H 面上得到水平投影图，简称水平

投影或 H 投影；从前向后投影，在 V 面得到正面投影图，简称正面投影或 V 投影；从左向右投影，在 W 面上得到侧面投影图，简称侧面投影或 W 投影。

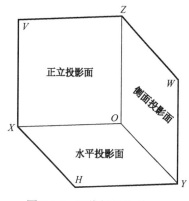

图 2-1-7　三维投影体系

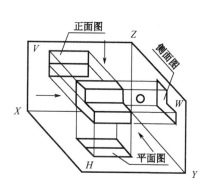

图 2-1-8　正投影图

需要注意的是，这时 Y 轴分为两条，一条随 H 面旋转到 OZ 轴的正下方，用 YH 表示；一条随 W 面旋转到 OX 轴的正右方，用 YW 表示，如图 2-1-9 所示。

实际绘图时，在投影图外不必画出投影面的边框，也不标注 H、V、W 字样，也不必画出投影轴，这就是形体的三面正投影图，简称三面投影。习惯上将这种不画投影面边框和投影轴的投影图称为"无轴投影"，工程中的图样均是按照"无轴投影"绘制的。

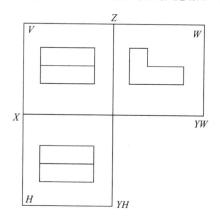

图 2-1-9　正投影拆分图

3. 三面投影图的投影关系

在三面投影体系中，形体的 X 轴方向尺寸称为长度，Y 轴方向尺寸称为宽度，Z 轴方向尺寸称为高度，在形体的三面投影中，水平投影图和正面投影图在 X 轴方向都反映物体的长度，它们的位置左右应对正，即"长对正"。正面投影图和侧面投影图在 Z 轴方向都反映物体的高度，它们的位置上下应对齐，即"高平齐"；水平投影图和侧面投影图在 Y 轴方向都反映物体的宽度，这两个宽度一定相等，即"宽相等"。绘制如图 2-1-10 所示。

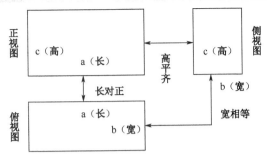

图 2-1-10 三面投影图的投影关系

"长对正、高平齐、宽相等"称为"三等关系"，它是形体的三面投影图之间最基本的投影关系，是画图和读图的基础。

4. 三面投影图的方位关系

形体在三面投影体系中的位置确定后，相对于观察者，它在空间就有上、下、左、右、前、后六个方位，如图 2-1-11（a）所示。这六个方位关系也反映在形体的三面投影图中，每个投影图都可反映出其中四个方位。V 面投影反映形体的上下、左右关系，H 面投影反映形体的前后、左右关系，W 面投影反映形体的前后、上下关系，如图 2-1-11（b）所示。

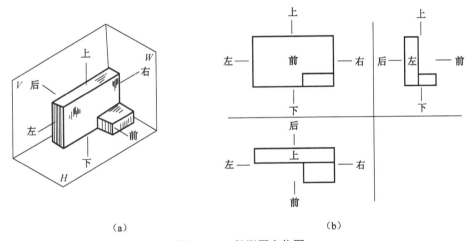

（a）　　　　　　　　　　　　（b）

图 2-1-11 投影图方位图

（三）绘制矩形

"矩形"命令用于绘制准矩形或者具有矩形特征的图形，比如倒角矩形、圆角矩形和宽度矩形等。所绘制的矩形被看作独立的对象。它具有 4 个顶点、4 条直线。

执行"矩形"命令主要有以下几种方式。

菜单栏：单击"绘图"菜单栏中的"矩形"命令。

工具栏：单击"绘图"工具栏上的□按钮。

命令行：在命令行输入 RECTANG 并按"Enter"键。

快捷键：在命令行输入 REC 并单击 Enter 键。

1. "对角点"方式画矩形

"对角点"方式是系统默认的一种画矩形方式，在激活命令后只需要给定矩形的两个对角点，即可以精确绘制矩形。先假设需要绘制长为 300、宽为 150 的矩形，则可以按照如下步骤操作。

（1）单击绘图工具栏上的 □ 按钮，激活"矩形"命令。

（2）在命令行"指定第一个角点或[倒角(C)/标高(E)/圆角(F)/厚度(T)/宽度(W)]:"提示下，单击左键拾取任一点，定位矩形的一个顶点。

（3）继续在命令行"指定另一个角点或[面积(A)/尺寸(D)/旋转(R)]:"提示下，输入@300，150，并按下 Enter 键，定位矩形另一个对角点。绘制结果如图 2-1-12 所示。

图 2-1-12　绘制矩形

2. "尺寸"方式画矩形

"尺寸"方式是在命令行内直接输入矩形的长度尺寸和宽度尺寸，绘制矩形。不过在输入矩形尺寸之前，首先要激活"尺寸（D）"选项功能。下面以绘制矩形为例，按如下步骤进行操作。

（1）激活"矩形"命令，在命令行"指定第一个角点或 [倒角(C)/标高(E)/圆角(F)/厚度(T)/宽度(W)]:"提示下，单击左键拾取一个点，定位一个顶点。

（2）继续在"指定另一个角点或 [面积(A)/尺寸(D)/旋转(R)]: "提示下，输入 D 并按Enter 键，激活此选项功能。

（3）继续在"指定矩形的长度 <10.0000>: "提示下，输入 300 并按 Enter 键，定位矩形的长度。

（4）继续在"指定矩形的宽度 <00.0000>: "提示下，输入 150 并按 Enter 键，定位矩形的宽度。

（5）继续在"指定另一个角点或 [面积(A)/尺寸(D)/旋转(R)]:"提示下，在绘图区拾取一点，定位矩形的位置。绘制结果如图 2-1-12 所示。

3. "面积"方式画矩形

所谓的"面积"方式画矩形，指的就是事先给定矩形面积，然后再指定矩形的一条边长，即可以绘制矩形。绘制长为 50、面积为 1500 的矩形。具体操作步骤如下。绘制结果如图 2-1-12 所示。

```
命令: _rectang
指定第一个角点或 [倒角(C)/标高(E)/圆角(F)/厚度(T)/宽度(W)]:
指定另一个角点或 [面积(A)/尺寸(D)/旋转(R)]:              //A Enter
输入以当前单位计算的矩形面积 <1500.0000>:                //1500
计算矩形标注时依据 [长度(L)/宽度(W)] <长度>:            //L Enter
输入矩形长度 <50.0000>:                                 //50
```

（四）偏移图形

"偏移"命令用于将目标对象以一定的距离或指定的点进行偏移复制。偏移后的对象大小可以改变，形状一般保持不变。

执行"偏移"命令主要有以下几种方式。

菜单栏：单击"修改"菜单栏中的"偏移"命令。

工具栏：单击【修改】工具栏上的按钮。

命令行：在命令行输入 Offset 并单击 Enter 键。

快捷键：在命令行输入 O 并单击 Enter 键。

1. 定距偏移

所谓"定距偏移"指的就是按照指定的偏移距离进行偏移复制对象。现假设对直线[见图 2-1-13（a）]、圆[见图 2-1-13（b）]进行定距偏移，则操作过程如下。

（1）首先绘制直线和圆图形，作为偏移对象。

（2）单击"修改"菜单栏中的"偏移"命令，或者单击"修改"工具栏中的按钮，启动命令。

（3）启动"偏移"命令后，根据操作提示进行偏移的直线和圆，偏移结果如图 2-1-14 所示。

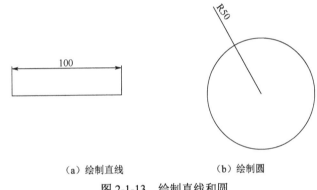

（a）绘制直线　　　　　　（b）绘制圆

图 2-1-13　绘制直线和圆

```
命令：_offset
当前设置：删除源=否　图层=源　OFFSETGAPTYPE=0
指定偏移距离或 [通过(T)/删除(E)/图层(L)] <通过>：
选择要偏移的对象，或 [退出(E)/放弃(U)] <退出>：        //选择直线作为偏移对象
指定通过点或 [退出(E)/多个(M)/放弃(U)] <退出>：        //10 Enter
选择要偏移的对象，或 [退出(E)/放弃(U)] <退出>：        //选择直线作为偏移对象
指定通过点或 [退出(E)/多个(M)/放弃(U)] <退出>：        //50 Enter，退出命令。
```

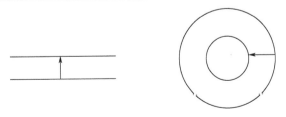

图 2-1-14　偏移图形

2. 定点偏移

所谓"定点偏移"指的就是按照指定点偏移对象。例如：按照圆的直径进行定点偏移，

则操作过程如下。

（1）首先绘制由直线和圆构造成的图形。

（2）单击"修改"菜单栏中的"偏移"命令，或者单击"修改"工具栏中的 按钮，启动命令。

（3）启动"偏移"命令后，根据操作提示进行偏移的直线和圆，绘制结果如图 2-1-15 所示。

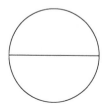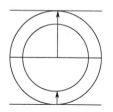

图 2-1-15　偏移图像

```
命令：_offset
当前设置：删除源=否　图层=源　OFFSETGAPTYPE=0
指定偏移距离或 [通过(T)/删除(E)/图层(L)] <通过>：    //T Enter，激活"通过"选项
选择要偏移的对象，或 [退出(E)/放弃(U)] <退出>：      //选择圆的水平直径
指定通过点或 [退出(E)/多个(M)/放弃(U)] <退出>       //捕捉圆的上象限点
选择要偏移的对象，或 [退出(E)/放弃(U)] <退出>：      //选择圆的水平直径
指定通过点或 [退出(E)/多个(M)/放弃(U)] <退出>：      //捕捉圆的上象限点
选择要偏移的对象，或 [退出(E)/放弃(U)] <退出>：      //Enter，退出命令。
```

（五）复制图形

"复制"命令用于将选择的图形对象从一个位置复制到其他的位置，执行一次命令可以相当于基点多次复制所选择的对象。

执行"复制"命令主要有以下几种方式。

菜单栏：单击"修改"菜单栏中的"复制"命令。

工具栏：单击"修改"工具栏上的 按钮。

命令行：在命令行输入 Copy 并单击 Enter 键。

快捷键：在命令行输入 CO 并单击 Enter 键。

现假设将矩形和圆形建成结构，按照如下步骤进行操作。

（1）首先绘制圆和矩形。

（2）单击"修改"工具栏上的 按钮。

（3）激活"复制"命令后，对圆形进行复制。命令行具体操作如下。

```
命令：_copy
选择对象：找到 1 个                                      //选择刚绘制的圆图形
选择对象：                                              //Enter，结束对象选择
指定基点或 [位移(D)/模式(O)] <位移>：                    //捕捉圆的圆心
指定第二个点或 [阵列(A)] <使用第一个点作为位移>：          //捕捉矩形的左下角点
指定第二个点或 [阵列(A)/退出(E)/放弃(U)] <退出>：         //捕捉矩形的右上角点
指定第二个点或 [阵列(A)/退出(E)/放弃(U)] <退出>：         //捕捉矩形的右下角点
指定第二个点或 [阵列(A)/退出(E)/放弃(U)] <退出>：         //Enter，结束命令。
```

绘制结果如图 2-1-16 所示。

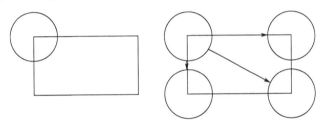

图 2-1-16　复制图形

（六）旋转图形

"旋转"命令用于将选择的目标对象绕指定的基点旋转一定的角度。执行"旋转"命令主要有以下几种方式。

菜单栏：单击"修改"菜单栏中的"旋转"命令。

工具栏：单击"修改"工具栏上的◌按钮。

命令行：在命令行输入 Rotate 并单击 Enter 键。

快捷键：在命令行输入 RO 并单击 Enter 键。

1. 角度旋转

"角度旋转"就是通过直接输入一定的角度，进行旋转所选择的图形对象。这是一种常见的旋转方向。现将矩形旋转 50°为例，则可按如下步骤进行操作。

（1）首先绘制图 2-1-17（a）所示图形结构。

（2）单击"修改"工具栏上的◌按钮，激活"旋转"命令。

（3）在命令行"选择对象："提示下，选择矩形。

（4）继续在"选择对象"提示下，按"Enter"键结束选择。

（5）在"指定基点："提示下，捕捉矩形左下角点作为旋转基点。

（6）在"指定旋转角度，或[复制(C)/参照(R)] <0>："提示下，输入 50 并按 Enter 键，结果矩形被逆时针旋转了 50°，如图 2-1-17（b）所示。

2. 参照旋转

"参照法"旋转对象通常用于旋转角度未知的情况下，将某一对象作为参照，旋转所选择对象与另一对象对齐。

现将图 2-1-17（a）所示的矩形与倾斜的直线段对齐，则可以按如下步骤进行操作。

（1）首先激活"旋转"命令，在命令行"选择对象："提示下，选择矩形并按"Enter"键或者空格键。

（2）在"指定基点："提示下，捕捉矩形下侧边和直线段的交点作为旋转基点。

（3）在"指定旋转角度，或 [复制(C)/参照(R)] <0>："提示下，输入 R 并按 Enter 键，激活"参照"选项功能。

（4）在"指定参照角<0>："提示下，再次捕捉矩形下侧边和直线段的交点。

（5）在"指定第二点："提示下，捕捉矩形右下角点。

（6）最后在"指定新角度或者'点（P）'<0>："提示下，捕捉矩形上侧边和直线段的交点，结果如图 2-1-17（c）所示。

（a）旋转图形　　　　　　（b）矩形旋转图形　　　　　　（c）矩形参照旋转图形

图 2-1-17　矩形旋转

四、任务实施

安装图绘制方法、文字标示技巧如下。

（一）绘制行程开关俯视图

（1）用"直线" ✎ 命令，完成外边框八段线的绘制，长度分别为 28mm，38mm，28mm，9mm，20mm，9mm，绘制结果如图 2-1-18 所示。

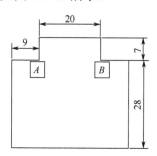

图 2-1-18　俯视图外观图

（2）用"椭圆" ⬯ 命令在 A 点和 B 点之间画椭圆的长，椭圆的高为 3mm，绘制结果如图 2-1-19 所示。

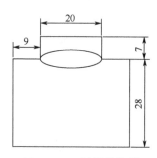

图 2-1-19　椭圆的绘制

（3）用"直线" ✎ 命令，选中上边线和椭圆的中点作为起点和端点，绘制结果如图 2-1-20 所示。

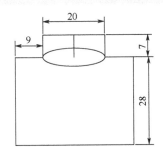

图 2-1-20　椭圆中心线的绘制

（4）用"偏移" 命令，对中线进行偏移，左右各偏移 3.5mm，绘制结果如图 2-1-21。

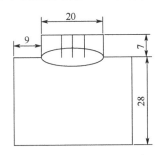

图 2-1-21　椭圆中心线的偏移

（5）运用"删除" 和"修剪" 命令将多余的线段删除，保留我们需要的图形，绘制结果如图 2-1-22 所示。

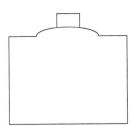

图 2-1-22　按钮修剪图形

（6）用"修改"工具栏中的"圆角"命令，将按钮和方框的四个直角倒圆，圆角的半径为 2mm，绘制结果如图 2-1-23 所示。

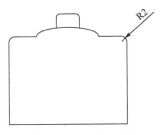

图 2-1-23　绘制倒角

（7）用"偏移"命令对图 2-1-23 图下边线以及左边线进行偏移，每次偏移都是以新偏移处理的直线作为参照线。下边线向上偏移距离分别为 4mm，8mm；左边线向右偏移的距离分别为 1mm，8mm，1mm，8mm，2mm，8mm，1mm，8mm，1mm。绘制结果如图 2-1-24 所示。

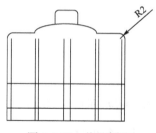

图 2-1-24　偏移图形

（8）运用"删除" 和"修剪" 命令将多余的线段删除保留我们需要的图形，绘制结果如图 2-1-25 所示。

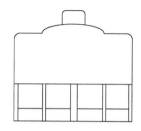

图 2-1-25　修剪俯视图

（9）行程开关触点的绘制。

① 单击"绘图"工具栏中的 按钮，激活"圆"命令，绘制直径为 7 的圆，绘制结果如图 2-1-26（a）所示。

② 单击"绘图"菜单栏中的"构造线"命令，绘制角度为 135° 的构造线，命令行操作如下，绘制结果如图 2-1-26（b）所示。

③ 单击"修改"工具栏上的 按钮，激活"偏移"命令，对构造线上下各偏移 1mm，绘制结果如图 2-1-26（c）所示。

④ 单击"修改"工具栏中的 和 按钮，激活命令，对绘制图形进行修改，绘制出行程开关的触点，绘制结果如图 2-1-26（d）所示。

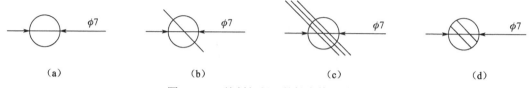

（a）　　　　　　　　（b）　　　　　　　　（c）　　　　　　　　（d）

图 2-1-26　绘制行程开关触点修改过程

（10）用"修改"菜单栏中的"复制"命令，将绘制的行程开关的触点复制三个，如图 2-1-27（a），利用"修改"菜单栏的"移动"命令将绘制的触点移动到合适的位置，如图 2-1-27（b）所示，绘制结果如图 2-1-27（c）所示。

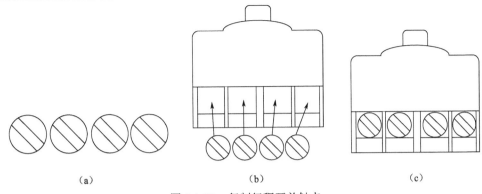

图 2-1-27　复制行程开关触点

（11）安装孔的绘制。

① 单击"绘图"菜单栏中的"直线" ∕ 命令，绘制长度为 5mm 直线。

② 单击"修改"工具栏中的"旋转" ↻ 按钮，以绘制的直线的中点为旋转点，旋转出十字图形。

③ 单击"绘图"工具栏中的 ⊘ 按钮，激活"圆"命令，绘制直径为 3.1mm 的圆。绘制结果如图 2-1-28 所示。

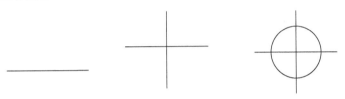

图 2-1-28　绘制安装孔

（12）将绘制的安装孔放到离上边沿 21.5mm 偏差在 1.5mm，两孔之间的距离为 24mm 偏差在 0.36mm 的地方。绘制结果如图 2-1-29 所示。

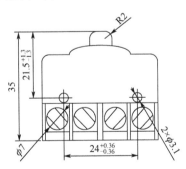

图 2-1-29　放置安装孔

（13）标注和文字标识，绘制完整俯视图。

① 用"多行文字" A 命令，在需要处插入文字。

② 用"标注"工具栏中的"线性"和"半径"对俯视图进行标注。绘制结果如图 2-1-30 所示。

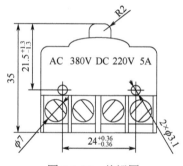

图 2-1-30　俯视图

（二）绘制正视图

（1）单击"绘图"菜单中的"直线" ⁄ 命令，绘制长 38mm、宽 16mm 的矩形，作为正视图的外边框。绘制如图 2-1-31 所示。

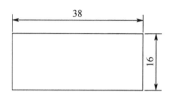

图 2-1-31　绘制正视图外观

（2）单击"偏移"命令对绘制矩形上边线以及左边线进行偏移，每次偏移都是以新偏移处理的直线作为参照线。上边线向下偏移距离分别为 2mm，6mm，1mm，1mm，4mm；左边线向右偏移的距离分别为 1mm，1mm，7mm，1mm，1mm，7mm，2mm，1mm，7mm，1mm，1mm，7mm，1mm。绘制结果如图 2-1-32 所示。

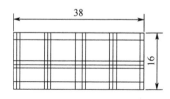

图 2-1-32　正视图偏移

（3）运用"修改"工具栏中的"删除" ✐ 和"修剪" ⁄ 命令，将多余的线段删除，保留我们需要的图形。绘制结果如图 2-1-33 所示。

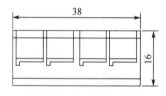

图 2-1-33　正视图修剪

（4）单击"修改"菜单栏中的"倒角"命令，对两个边各剪切 0.5mm。绘制结果如图 2-1-34 所示。

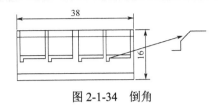

图 2-1-34　倒角

（5）绘制螺丝的正视图

① 单击"绘图"工具栏中的"矩形"命令，矩形的长为 3mm，宽为 1mm。绘制如图 2-1-34（a）所示。

② 单击"绘图"工具栏中的"直线"命令，绘制角度为 60°，长度为 2mm 的直线。绘制结果如图 2-1-35（b）所示。

③ 单击"绘图"工具栏中的"直线"命令，以下边线中点为起点，绘制角度为 90°，长度为 2mm 的中心线。绘制结果如图 2-1-35（c）所示。

④ 单击"修改"工具栏中的"偏移"命令，将步骤（2）当中的直线进行偏移，偏移到与中线相交的位置。绘制结果如图 2-1-35（d）所示。

⑤ 单击"绘图"工具栏中的"直线"命令，将步骤（2）和步骤（4）中的直线连接起来。绘制结果如图 2-1-35（e）所示。

⑥ 单击"修改"工具栏中的"镜像"命令，以中点为镜像点，运用镜像完成绘制。绘制结果如图 2-1-35（f）所示。

⑦ 单击"修改"工具栏中的"删除"命令，将中心线删除。绘制结果如图 2-1-35（g）所示。

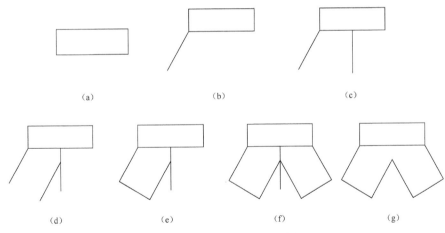

图 2-1-35　绘制螺丝正视图

（6）将绘制的螺丝放到绘制正视图的外壳当中，绘制出完整的行程开关的正视图。绘制结果如图 2-1-36 所示。

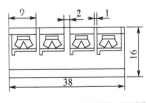

图 2-1-36　行程开关正视图

经过上述步骤的学习，学习绘制行程开关的技巧，成功绘制行程开关的安装图。绘制结果如图 2-1-37 所示。

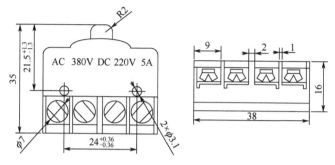

图 2-1-37　行程开关安装图

任务2　绘制 CJX2-0910 型交流接触器的安装图

一、任务介绍

综合应用"图形的复制功能""图形的创建块功能""图形的插入块功能"等，绘制 CJX2-0910 交流接触器安装图。安装图的最终绘制结果如图 2-2-1 所示。

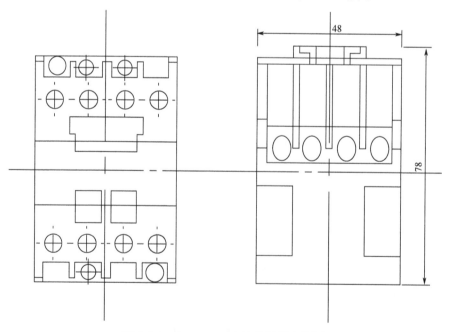

图 2-2-1　CJX2-0910 交流接触器安装图

二、任务分析

"安装图"是用于表示低压元器件安装在安装板上的位置，是一种常用的图形表达方式。在绘制此类安装图时，一般需要绘制元器件的俯视图和正视图，以便采用相应的制图工具和制图技巧。

一般情况下，安装图一般通过不规则的线、圆、椭圆等元素进行提现，使用相应的"线圆"绘制工具很容易就表达出来；而对于"创建块"有一定的绘制难度，通过"偏移""剪切"对图形进行完善。

本任务则以绘制交流接触器为例，在学习一些常用制图工具的基础上，了解和掌握安装图的快速表达技巧和绘制技巧。

三、知识点导航

通过上节的详细讲解，相信同学们已经逐步了解并掌握交流接触器的绘制方法和绘制技巧。本节将重点对上一实例涉及的知识点进行梳理归纳，加深对知识点的认识和全面了解。

（一）创建块

块是一个或多个对象组成的对象集合，常用于绘制复杂、重复的图形。一旦一组对象组合成块，就可以根据作图需要将这组对象插入到图中任意指定位置，而且还可以按不同的比例和旋转角度插入。在AutoCAD中，使用块可以提高绘图速度、节省存储空间、便于修改图形。

执行"创建块"命令主要有以下几种方式。

菜单栏：单击"绘图"/"块"/"创建"命令。

工具栏：单击"绘图"工具栏上的 按钮。

命令行：在命令行输入 Block 并按"Enter"键。

快捷键：在命令行输入 B 并按"Enter"键。

下面通过创建"触点"图，学习使用"创建块"命令。具体操作步骤如下。

（1）打开"触点"图文件，如图 2-2-2 所示。

（2）单击"绘图"工具栏中的 按钮，打开如图 2-2-4 所示的"块定义"对话框。

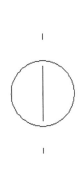

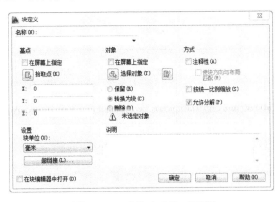

图 2-2-2　触点　　　　　　　　图 2-2-3　"块定义"对话框

（3）在"名称"列表框内输入"触点"，为新块赋名；在"基点"组合框内单击"拾取点"按钮，返回绘图区，拾取触点一点作为基点。

（4）在"对象"组合框激活"转换为块"选项，在创建完块后，源对象依然存在。

（5）单击"选择对象"按钮，返回绘图区选择整个触点图，然后单击 Enter 键系统返回"块定义"对话框，则在此对话框右上角出现图块的预览图标，如图 2-2-4 所示。

（6）单击"确定"按钮结束命令，结束在当前图形文件中存在有一个名为"触点"的内部块。

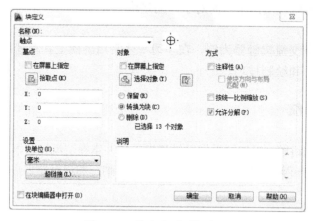

图 2-2-4　块定义对话框应用

（二）插入块

当创建了内部块或者外部块后，使用"插入块"命令就可以将创建的图块以各种缩放比例和旋转角度等应用到当前文件中。

执行"插入块"命令主要有以下几种方式。

菜单栏：单击"插入"/"块"命令。

工具栏：单击"绘图"工具栏上的 按钮。

命令行：在命令行输入 Insert 并按"Enter"键。

快捷键：在命令行输入 I 并按"Enter"键。

激活"插入块"命令后，系统弹出如图 2-2-5 所示的"插入"对话框，在对此对话框中即可选择需要插入的内部块或者外部块，并可以设置块的缩放比例和旋转角度等参数。

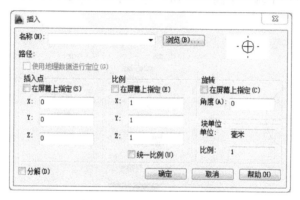

图 2-2-5　"插入"对话框

现假设对刚定义的"触点"图块进行应用，则可以按如下步骤进行操作。

（1）单击"绘图"工具栏中[图]按钮，打开"插入"对话框。

（2）在"插入点"选项组中，确保"在屏幕上指定"复选框处于选中状态，表示将在绘图区指定点插入。

（3）在"比例"选项组中设置图块的缩放比例，在"旋转"选项组中设置图块的旋转角度，参数设置如图 2-2-6 所示。

（4）单击"确定"按钮，在绘制区拾取一点作为插入点，插入结果如图 2-2-7 所示。

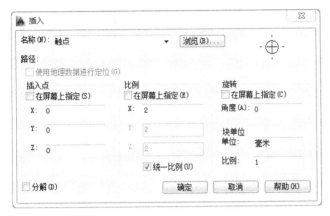

图 2-2-6　"插入"对话框

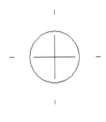

图 2-2-7　插入触点

（三）修剪图形

"修剪"命令用于沿指定的修剪边界修剪目标对象中不需要的部分，如图 2-2-8 所示。所选择的修剪边界对目标对象可以相交，也可以不相交，如图 2-2-9 所示。

图 2-2-8　圆与直线　　　　　　图 2-2-9　修剪圆

执行"修剪"命令主要有以下几种方式。

菜单栏：单击"修改"菜单栏中的"修剪"命令。

工具栏：单击"修剪"工具栏上的 按钮。

命令行：在命令行输入 Trim 并按"Enter"键。

快捷键：在命令行输入 TR 并按"Enter"键。

修剪到实际交点

所谓"修剪到实际交点"，是指修剪边界与修剪对象存在有实际的交点，在此交点处将修剪对象的一部分断开并删除。现假设以如图 2-2-10 所示的水平直线段作为边界，将位于其下侧的倾斜线段修剪掉，则可以按如下步骤进行操作。

（1）绘制如图 2-2-10 所示的两条相交线段。

（2）单击"修改"工具栏上的 按钮，激活"修剪"命令。

（3）在命令行"选择剪切边…选择对象或 <全部选择>:"提示下，选择水平直线段作为修剪边界。

（4）继续在"选择要修剪的对象:"提示下，单击 Enter 键结束选项。

（5）在"选择要修剪的对象，或按住 Shift 键选择要延伸的对象，或[栏选(F)/窗交(C)/投影(P)/边(E)/删除(R)/放弃(U)]:"提示下，在斜线段的下侧单击左键，结果位于修剪边界下侧的部分被修剪。

（6）继续在"选择要修剪的对象，或按住 Shift 键选择要延伸的对象，或[栏选(F)/窗交(C)/投影(P)/边(E)/删除(R)/放弃(U)]:"提示下，按"Enter"键结束命令。绘制结果如图 2-2-11所示。

图 2-2-10　交叉直线　　　　　　　　　　图 2-2-11　修剪直线

四、任务实施

（一）绘制 CJX2-0910 交流接触器俯视图

（1）绘制中心线。

① 单击"格式"工具栏中的"图层"，新建图层。如图 2-2-12（a）所示。

② 选择线色为"红色"，线性为"CENTER"，线粗"默认"。如图 2-2-12（b），图 2-2-12（c）和 2-2-12（d）所示。

③ 选择"直线"绘制长为 200mm 水平线，如图 2-2-12（e）所示，通过定数等分将直线分为 4 段，如图 2-2-12（f）所示。

④ 通过等分点，绘制"直线"绘制长为 100mm 垂直线。如图 2-2-12（g）所示。

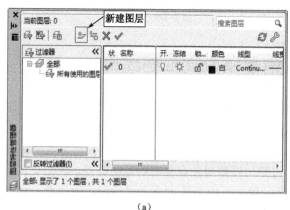
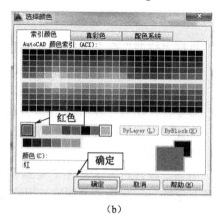

（a）　　　　　　　　　　　　　　　　（b）

图 2-2-12　绘制中心线

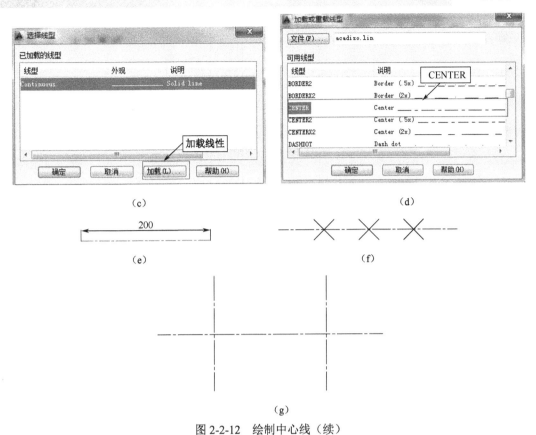

（c）　　　　　　　　　　　　　　　　　　（d）

（e）　　　　　　　　　　　　　　　　　　（f）

（g）

图 2-2-12　绘制中心线（续）

（2）绘制接触器外围矩形，矩形的长为 74mm、宽为 48mm。绘制结果如图 2-2-13 所示。

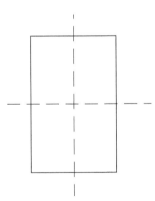

图 2-2-13　绘制接触器外围矩形

（3）用"偏移"命令对上图下边线以及左边线进行偏移，每次偏移都是以新偏移处理的直线作为参照线。下边线向上偏移距离分别为 1.5mm，5mm，13mm，5.5mm，5.5mm；上边线向下偏移距离分别为 1.5mm，5mm，13mm，5.5mm，2mm，3.5mm；左边线向右偏移的距离分别为 3mm，9mm，2mm，9mm，2mm，9mm，2mm，9mm，3mm。绘制结果如图 2-2-14 所示。

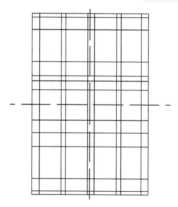

图 2-2-14　偏移图形

（4）运用"修改"工具栏中的"删除" ✐▐和"修剪" ⟋‐命令，将我们需要的图形保留下来。绘制结果如图 2-2-15 所示。

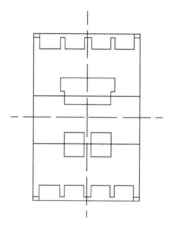

图 2-2-15　修剪图形

（5）绘制安装孔和常开常闭触点以及线圈触点。

① 安装孔的绘制，绘制一个直径为 6mm 的圆。绘制如图 2-2-16（a）所示。

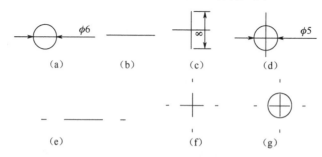

图 2-2-16　绘制安装孔和常开常闭触点以及线圈触点

② 常开常闭触点绘制长为 8mm 的水平线，经过旋转，以直线的中点为中心绘制垂直线，绘制以中点为圆心直径 5mm 的圆。绘制如图 2-2-16（b）～图 2-2-16（d）所示。

③ 线圈触点的绘制长为 0.5mm，2.5mm，5mm，2.5mm，0.5mm 的水平线，将 2.5mm 的线段删除，旋转 3 段直线以 5mm 的中点为中心绘制垂直线，绘制以中点为圆心直径为

6mm 的圆。绘制结果如图 2-2-16（e）～图 2-2-16（g）所示。

（6）将安装孔放到步骤 4 当中，复制两个安装孔放在对角线的位置，用红色方框圈住将安装孔标记出来。绘制结果如图 2-2-17 所示。

（7）将线圈点 A1，A2 触点放到步骤 4 当中，复制三个线圈触点放到位置当中，用红色边框圈住线圈触点标记出来。绘制结果如图 2-2-18 所示。

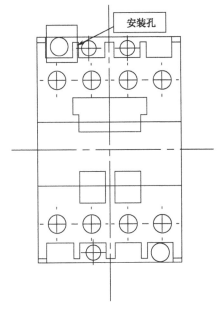

图 2-2-17　绘制安装孔

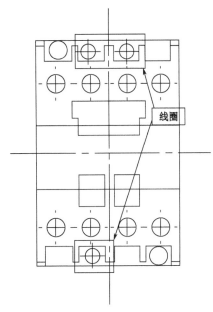

图 2-2-18　绘制线圈触点

（8）将常开常闭触点放到步骤 4 当中，复制 8 个常开常闭触点放到合适的位置，用红色边框圈住常开常闭触点标记出来。绘制结果如图 2-2-19 所示。

（9）最终绘制的俯视图如图 2-2-20 所示。

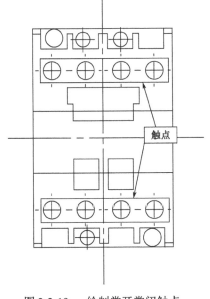

图 2-2-19　绘制常开常闭触点

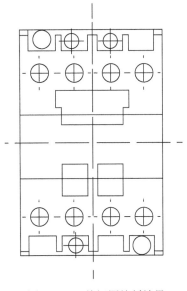

图 2-2-20　俯视图绘制结果

（二）绘制 CJX2-0910 交流接触器正视图

（1）绘制矩形长为 78mm，宽为 48mm。用"偏移"命令对上边线以及左边线进行偏移，每次偏移都是以新偏移处理的直线作为参照线。上边线向下偏移距离分别为 2mm，2mm，2mm，18mm，2mm，7mm，5mm，8mm，24mm，8mm；左边线向右偏移的距离分别为 3mm，9mm，2mm，3mm，2mm，4mm，2mm，4mm，2mm，3mm，2mm，9mm，3mm。绘制结果如图 2-2-21 所示。

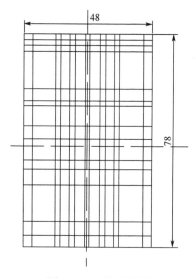

图 2-2-21　偏移图形

（2）运用"修改"工具栏中的"删除" 和"修剪" 命令，将我们需要的图形保留下来。绘制结果如图 2-2-22 所示。

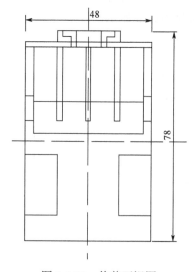

图 2-2-22　修剪正视图

（3）绘制椭圆作为触点孔，绘制长为 8mm、宽为 3mm 的椭圆。绘制结果如图 2-2-23 所示。

图 2-2-23　绘制椭圆

（4）将常开常闭触点放到步骤 3 当中，复制 8 个常开常闭触点放到合适的位置，用红色边框圈住常开常闭触点标记出来。绘制结果如图 2-2-24 所示。

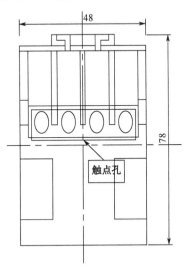

图 2-2-24　绘制触点孔

（5）最终绘制的正视图如图 2-2-25 所示。

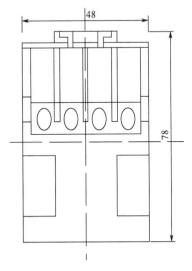

图 2-2-25　绘制正视图

经过上述步骤的学习，学习绘制行程开关的技巧，成功绘制行程开关的安装图。绘制结果如图 2-2-26 所示。

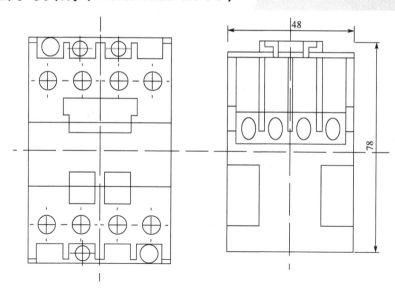

图 2-2-26　绘制接触器安装图

五、项目评价

1. 每组选派一名代表以 PPT、录像或影片的形式向全班展示、汇报学习成果。
2. 在每位代表展示结束后，其他每组请选派一名代表进行简要点评。
学生代表点评记录：＿＿＿＿＿＿＿＿＿＿＿＿＿＿＿＿＿＿＿＿＿＿＿＿＿＿＿

＿＿＿＿＿＿＿＿＿＿＿＿＿＿＿＿＿＿＿＿＿＿＿＿＿＿＿＿＿＿＿＿＿＿＿＿＿

＿＿＿＿＿＿＿＿＿＿＿＿＿＿＿＿＿＿＿＿＿＿＿＿＿＿＿＿＿＿＿＿＿＿＿＿＿

3. 项目评价

项目评价表

评价内容	学习任务	配分	评分标准	得分
专业能力	任务 1 物体投影体系与行程开关的安装图	40	完成任务，能够掌握图块的创建及调用方法 10 分；图块建立较为完整 20 分；人员设备安全得 5 分；遵守纪律，积极合作，工位整洁得 5 分。损坏设备或没完成此题不得分。	
	任务 2 绘制 CJX2-0910 型交流接触器的安装图	40	完成任务，图块调用熟练 10 分；绘制图纸清晰、明了，排版自然得 15 分；人员设备安全得 10 分；遵守纪律，积极合作，工位整洁得 5 分。损坏设备或没完成此题不得分。	
方法能力	任务1～2整个工作过程	10	信息收集和筛选能力、制定工作计划、独立决策、自我评价和接受他人评价的承受能力、计算机应用能力。根据任务 1～任务 2 工作过程表现评分。	
社会能力	任务1～2整个工作过程	10	团队协作能力、沟通能力、对环境的适应能力、心理承受能力。根据任务 1～任务 2 工作过程表现评分。	
总得分				

4．指导老师总结与点评记录：

_____

_____

_____

_____

_____

5．学习总结：

_____

_____

_____

_____

_____

项目二习题

（一）单项选择题

1．AutoCAD 提供了图形的插入功能，在具体插入图块时，用户不但可以修改图块的_____，还可以修改块_____，而且在插入块的过程中，使用_____功能可以将块还原为各自独立的对象。

2．在旋转图形时，常用的旋转方式有_____和_____两种;在缩放图形时，常用的两种方式有_____和_____。

3．在对两条图线进行倒角时，一般有_____和_____两种倒角方式，如果需要对多条图线进行倒角时，可以使用命令中的_____功能；如果需要对多段线进行倒角时，可以使用命令中的_____功能。

4．在对图线进行圆角时，圆角半径的设置是关键，用户除了使用命令中的"半径"选项进行设置外，还可以使用系统变量_____进行快速设置。

5．使用【偏移】命令偏移图形对象时，具体有两种偏移方式，分别是_____和_____。

6．在创建对称结构的图形时，一般需要使用到【镜像】命令，但是此命令有一个系统变量，控制着镜像文字的可读性，此变量为_____。

（二）操作题

1．操作题一　绘制如图 2-1-1 所示的行程开关的安装图。
2．操作题二　绘制如图 2-2-1 所示的交流接触器的安装图。

项目三

动力控制电路图绘制

项目描述

进入数字化时代，计算机已经成为人们生活中不可或缺的一部分，计算机网络平台为人们提供了社交、娱乐、办公等多方位的便利。电气科学技术的飞速发展同样离不开计算机，而且随着新产品新工艺的复杂设计及其工作量的增加，传统的手绘制图显现出了自身的局限性，CAD 电气制图也逐步代替手工制图，完成更复杂、更精确的图形绘制。

本项目将针对电气科学中较为典型的动力控制电路 CAD 绘制方法、技巧、绘制注意事项等进行介绍，使大家能够在完成本任务的基础上，为今后的工作打下基础。

学习任务

任务1   三相异步电动机 Y-△降压启动电路原理图绘制
任务2   M7120 磨床电路图绘制

学习目标

1. 熟悉电气工程图的分类；
2. 熟悉电气工程图绘制的一般特点；
3. 熟悉电气工程图设计规范要求；
4. 熟悉电气图形符号的构成和分类；
5. 绘制三相异步电动机 Y-△降压启动电路原理图；
6. 能够完成块库的创建和调用；
7. 绘制 M7120 机床电路图图框；
8. 调用图块完成 M7120 磨床电路图。

学习资源

计算机、智能手机、电气工程制图的国家标准。

学习方法

行动导向学习法、讨论学习法、合作学习法、自由作业法、4 阶段学习法、任务驱动学习法、比较学习法、听讲学习法、跟踪学习法、探索式学习法。

课时安排

建议 32 课时。

任务 1　三相异步电动机 Y-△ 降压启动电路原理图绘制

一、任务介绍

我们如何正确地使用 AutoCAD 软件,完成一张电力拖动电路图纸的绘制呢?绘制过程中又存在哪些注意事项和规范要求呢?我们将在本任务里与大家共同解决这样的问题。

二、任务分析

对于电力拖动电路(电气电路)的绘制,为了保证统一性,让绘制者和识图者都能针对同一图纸统一标准,国家对电气图纸的绘制有着相应的规范要求,在本任务里,我们应该在电气制图国家标准的前提下学习 AutoCAD 完成电气图纸的绘制。

三、知识点导航

(一)电气工程图纸的分类

电气工程图纸是用来描述电气工程的构成和功能,描述电气装置的工作原理,提供安装和维护使用信息。

1. 系统框图

系统框架图就是系统整体功能设计图,用符号或带注释的框,表示一个系统各部分和各环节之间关系的图示,它的作用在于能够清晰地表达比较复杂的系统各部分之间的关系。如图 3-1-1 所示为某控制单元的系统框图。

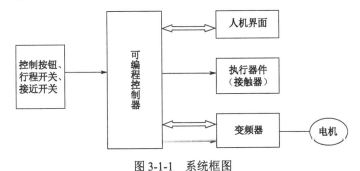

图 3-1-1　系统框图

2. 电路图

用电路元件符号表示电路连接的图,叫电路图。电路图用图形符号并按工作顺序排列,详细表示电路、设备或成套装置的全部组成和连接关系,而不考虑其实际位置的一种简图。

目的是便于详细理解其作用原理、分析和计算电路特性。是人们为研究、工程规划的需要，用物理电学标准化的符号绘制的一种表示各元器件组成及器件关系的原理布局图。由电路图可以得知组件间的工作原理，为分析性能、安装接线提供规划方案。在设计电路中能够更为清晰地对电路工作原理加以分析，确认完善后再进行实际安装。如图 3-1-2 所示为三相异步电动机电动控制电路图。

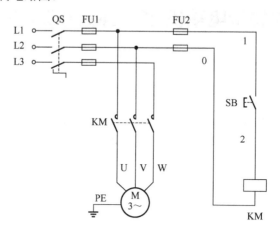

图 3-1-2　三相异步电动机电动控制电路图

3．逻辑图

逻辑图由若干逻辑图形符号构成，主要用二进制逻辑（与、或、异或等）单元图形符号绘制的一种简图。如图 3-1-3 所示为逻辑图样例。

4．程序图流程图

程序流程图是详细表示程序单元和程序片及其互连关系的一种简图。如图 3-1-4 所示为程序流程图样例。

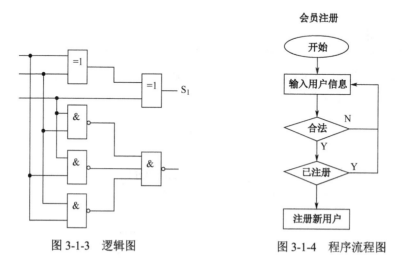

图 3-1-3　逻辑图　　　　　　图 3-1-4　程序流程图

5．设备元件表

把成套装置、设备和装置中各组成部分和相应数据列成表格，其用途表示各组成部分的名称、型号、规格和数量等。表 3-1-1 为设备元件表样例。

表 3-1-1　设备元件表样例

名称	型号	规格	单位	数量
三端稳压集成电路	M7812	0.5A	块	3
二极管	IN4007	0.4A	个	4
电阻	WH148	500K	个	2

6. 端子功能图

端子功能图是表示功能单元全部外接端子，并用功能图、表图或文字表示其内部功能的一种简图。图 3-1-5 所示为端子功能图样例。

7. 电器元件布置图

电器元件布置图主要是用来表明电气设备上所有电机电器的实际位置，为生产机械电气控制设备的制造、安装、维修提供必要数据。以机床电器布置图为例，它除了包含机床电气设备布置图，还包含了控制柜及控制板电气设备布置图、操纵台及悬挂操纵箱电气设备布置图等相关图纸。电器布置图可按电气控制系统的复杂程度集中绘制或单独绘制。图 3-1-6 所示为电器元件布置图图例。

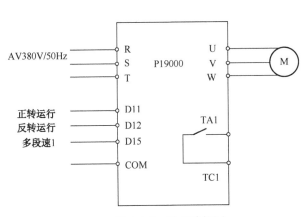

图 3-1-5　端子功能图

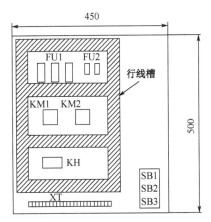

图 3-1-6　电器元件布置图

电器元件布置图的绘制原则：

（1）绘制电器元件布置图时，机床的轮廓线用细实线或点画线表示，电器元件均用粗实线绘制出简单的外形轮廓。

（2）绘制电器元件布置图时，电动机要和被拖动的机械装置画在一起；行程开关应画在获取信息的地方；操作手柄应画在便于操作的地方。

（3）绘制电器元件布置图时，各电器元件之间，上、下、左、右应保持一定的间距，并且应考虑器件的发热和散热因素，应便于布线、接线和检修。

8. 电气安装接线图

电气安装接线图主要用于电气设备的安装配线、线路检查、线路维修和故障处理。在图中要标识出各电气设备、电器元件之间的实际接线情况，并标注出外部接线所需的数据。在电气安装接线图中各电器元件的文字符号、元件连接顺序、线路号码编制都必须与电气原理图一致。图 3-1-7 所示为风机盘电气安装线图图例。

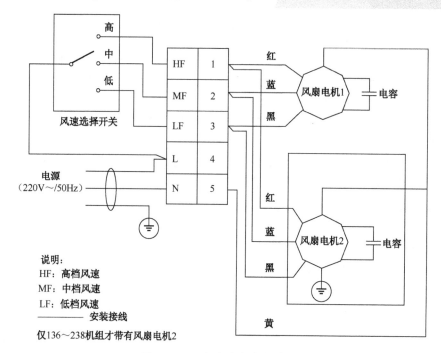

说明：
HF：高档风速
MF：中档风速
LF：低档风速
———— 安装接线
仅136～238机组才带有风扇电机2

图 3-1-7 风机盘电气安装线图

电气安装接线图的绘制原则：

（1）绘制电气安装接线图时，各电器元件均按其在安装底板中的实际位置绘出。元件所占图面按实际尺寸以统一比例绘制。

（2）绘制电气安装接线图时，一个元件的所有部件绘在一起，并用点画线框起来，有时将多个电器元件用点画线框起来，表示它们是安装在同一安装底板上的。

（3）绘制电气安装接线图时，安装底板内外的电器元件之间的连线通过接线端子板进行连接，安装底板上有几条接至外电路的引线，端子板上就应绘出几个线的接点。

（4）绘制电气安装接线图时，走向相同的相邻导线可以绘成一股线。

（二）电气图纸设计规范要求

电气制图国家标准 GB/T6988GB/T6988 等同或等效采用国际电工委员会 IEC 有关的标准。这个国家标准的发布和实施使我国在电气制图领域的工程语言及规则得到统一，并使我国与国际上通用的电气制图领域的工程语言和规则协调一致。电气图中的图形符号、文字符号必须统一才具有通用性，才能被技术人员识读，并利于交流，这种"统一"就是国家标准。电气图纸设计规范要求归纳如下：

（1）结构简单，层次清晰。

（2）采用国家标准中统一规定的图形文字符号。

（3）电气原理图一般分主电路和辅助电路两部分。

（4）电器元件的布局，应根据便于阅读的原则安排，一般左侧为主电路，右侧为辅助电路。

（5）与电路无关部分（如铁芯、支架、弹簧等）不在控制电路中画出，一般图中只出现线圈和触点。

（6）同一元件的不同部件分散在不同位置时，标注统一的文字符号。

（7）电器的可动部分均按没有通电或没有外力作用时的状态画出。

（8）尽量减少线条和避免线条交叉，交叉处用圆点标出。

（三）电气图的特点

1. 电气图的作用

阐述电的工作原理，描述产品的构成和功能，提供装接和使用信息的重要工具和手段。

2. 简图是电气图的主要表达方式

简图是用图形符号、带注释的围框或简化外形表示系统或设备中各组成部分之间相互关系及其连接关系的一种图。

3. 元件和连接线是电气图的主要表达内容

一个电路通常由电源、开关设备、用电设备和连接线 4 个部分组成，如果将电源设备、开关设备和用电设备看成元件，则电路由元件与连接线组成，或者说各种元件按照一定的次序用连接线连起来就构成一个电路。

（四）常用电气元件及图形符号

为了更好地让大家了解图形符号的画法，我们归纳出部分常用元件符号，供大家参考，详细内容见表 3-1-2。

表 3-1-2　常用电气元件及图形符号对照表

类别	名称	图形符号	文字符号
开关	单极开关		SA
	三级控制开关		QS
	三级隔离开关		QS
	三级负荷开关		QS
	组合旋钮开关		QS
	低压断路器		QF

类别	名称	图形符号	文字符号
行程开关	常开触头		SQ
	常闭触头		SQ
	复合触头		SQ
热继电器	热元件		KH
	常闭触头		KH
时间继电器	通用线圈符号		KH
	通电延时线圈		KT
	断电延时线圈		KT
	瞬时常开触头		KT
	瞬时常闭触头		KT
	延时闭合瞬时断开常开触头		KT
	延时断开瞬时闭合常闭触头		KT
	瞬时断开延时闭合常闭触头		KT
	瞬时闭合延时断开常开触头		KT

续表

类别	名称	图形符号	文字符号
按钮	常开按钮		SB
	常闭按钮		SB
	复合按钮		SB
	急停按钮		SB
	钥匙操作式按钮		SB
接触器	线圈		KM
	主触头		KM
	辅助常开触头		KM
	辅助常闭触头		KM
中间继电器	线圈		KA
	常开触头		KA
	常闭触头		KA
熔断器	熔断器		FU
电磁元件	电磁铁		YA

类别	名称	图形符号	文字符号
电磁元件	电磁吸盘		YH
	电磁阀		YV
电动机	三相异步电动机		M
接插头	插头和插座		X 插头 XP 插座 XS
灯	指示灯（信号灯）		HL
	照明灯		EL

（五）绘制三相异步电动机 Y-△降压启动电路原理图绘制分析

参照国家规范标准，左边为主电路，右边为控制电路（含指示、照明），同一电器不同部分符号统一，电器触头为未通电状态或未受外力状态，尽量避免交叉，有交叉并有电连通关系的加"●"符号。三相异步电动机 Y-△降压启动电路原理图绘制注意事项及说明：

（1）三相异步电动机电路中，应明确三相电源。如图 3-1-8 所示。

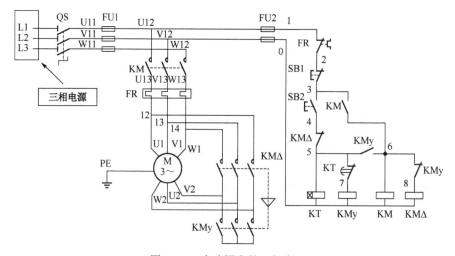

图 3-1-8　电路图中的三相电源

（2）电路图中，左边为主电路，右边为控制电路，主电路是三相电源与三相电机直接连接的电路，通过较大电流，控制电路是采用特定器件及其触头间的相互关系控制主电路按一定规则进行通断的电路，一般通过小电流。主电路如图 3-1-9 所示，控制电路如图 3-1-10 所示。

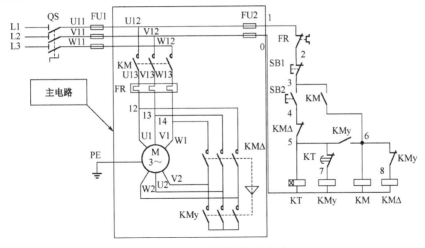

图 3-1-9　电路图中的主电路

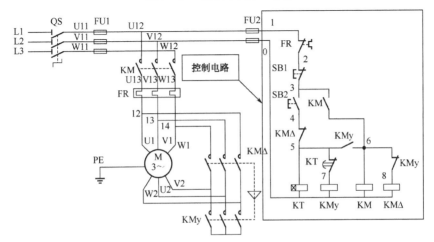

图 3-1-10　电路图中的控制电路

（3）在电路中，当一个元件的多个触头在控制过程中是同时动作的，则使用虚线将其连接起来，表示同时闭合或者同时断开。如图 3-1-11 所示。

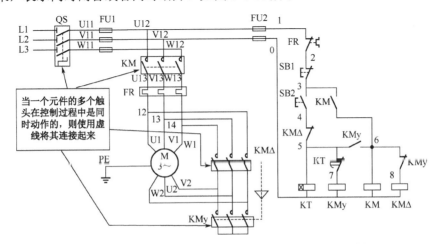

图 3-1-11　电路图中同一器件触头同时动作时采用虚线连接

（4）在电路中，当两个器件之间存在连锁关系时应该用虚线进行连接，并在虚线中间加入连锁（▽）符号。如图 3-1-12 所示。

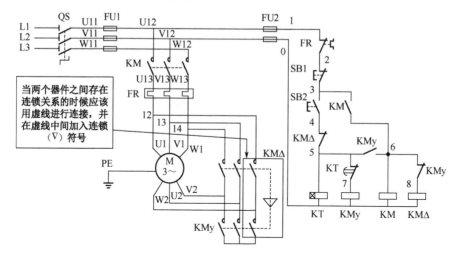

图 3-1-12　电路图中的连锁符号绘制

5. 电路绘制过程中，如果无法避免交叉导线的出现，应注意做好区分及标示，当出现 T 型交叉时，两条导线间视为有电连接状态，当出现十字交叉切导线间有电连接时用 "●" 符号画在交叉点上，无电连接（跨线）时不需要画 "●" 符号。如图 3-1-13 所示。

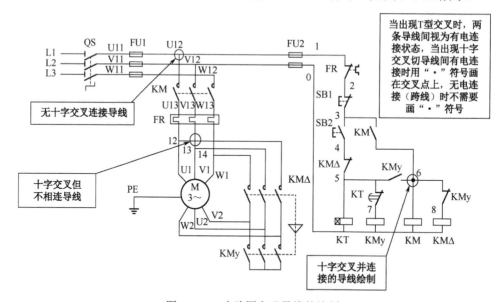

图 3-1-13　电路图交叉导线的绘制

（6）关于电路图的线号标示，主电路标示分别采用 U、V、W+2 位阿拉伯数字的方式进行线号标示，阿拉伯数字从 11 开始，并呈递增关系，以此类推，与电机相接的导线线号采用 U、V、W+1 位阿拉伯数字的方式进行线号标示；控制线路标号采用阿拉伯数字，从 1 开始，并呈递增关系，跨器件+1，以此类推，控制电路回路线标 "0" 号。需要注意的是在一些工程图纸中，控制线路标号也有采用奇数数字进行标注的，如 1、3、5、7……，控制回路线标 "0" 号。如图 3-1-14 和图 3-1-15 所示。

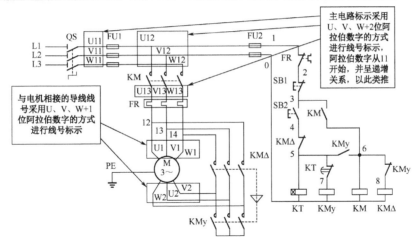

图 3-1-14　主电路线路编号的标示

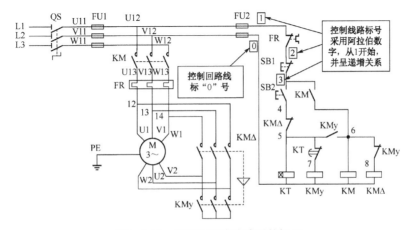

图 3-1-15　控制电路线路编号的标示

（7）在绘制电路中，应熟悉现场器件，当控制线路器件线圈采用额定电压 220V 时，应在三相电源基础上增加一条零线，当控制线路器件线圈采用额定电压更低的电压等级（如127V、24V 等）时，还需要相应的增加变压器。如图 3-1-16 所示。

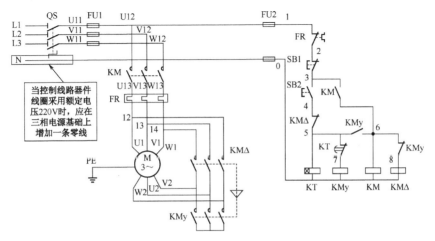

图 3-1-16　零线的添加

四、任务实施

活动 1 基本元件、文字标示绘制

1. 三相组合开关的绘制

（1）用"直线" ╱ 命令，完成三段线的绘制，长度分别为 7.5mm、7.5mm、7.5mm，得到图 3-1-17（a）；

（2）用"构造线" ╱ 命令在一断线和二断线中间完成垂直构造线的绘制，得到图 3-1-17（b）；

（3）用"直线" ╱ 命令，选中二断线与一断线的交点，延长至构造线，按下键盘"Tab"键切换至角度，输入 150，按"Enter"键完成组合开关触头绘制，得到图 3-1-17（c）；

（4）选中构造线和二断线，如图 3-1-17（d），按下键盘"Delete"键删除，得到图 3-1-17（e）；

（5）用"直线" ╱ 命令，以一断线末端为中点绘制 3mm 竖线，得到图 3-1-17（f）；

（6）选择已绘图形，用"复制" ╳╳ 命令，选中一断线起点进行复制，向下偏移 7mm，得到图 3-1-17（g），连续使用两次，得到图 3-1-17（h）；

（7）用"直线" ╱ 命令，取上端常开触点中心点，往下绘制 20mm 长的直线，选中绘制的直线，在线行中选用 JIS_0.2_2.0 线形，如图 3-1-17（i），此时线形变为虚线，得到图 3-1-17（j）；

（8）在虚线下端绘制"┌─┘"符号，长度如图 3-1-17（k）所示。转换开关绘制完成，得到图 3-1-17（l）。

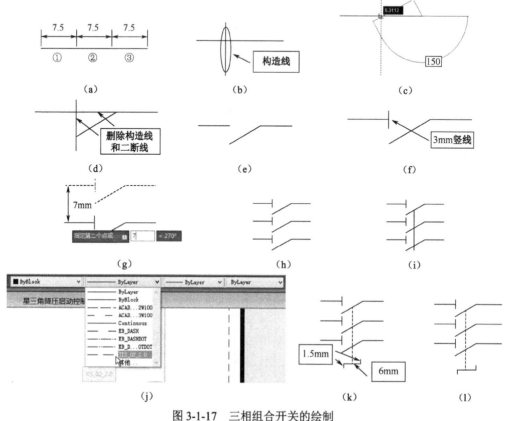

图 3-1-17 三相组合开关的绘制

2. 熔断器的绘制

（1）用"矩形" ▢ 命令，选中绘制界面的一个点，见图 3-1-18（a），按下键盘"向下键"，选择"尺寸"，见图 3-1-18（b），在制定矩形长度处输入 6.5 并按下"Enter"键，见图 3-1-18（c），在制定矩形宽度处输入 3 并按下"Enter"键，见图 3-1-18（d），在指定位置单击鼠标左键，完成矩形绘制。

（2）用"直线" ╱ 命令，在矩形中线点水平方向绘制一条直线，总长为 12.5mm，相关尺寸见图 3-1-18（e），成型图例见图 3-1-18（f）。

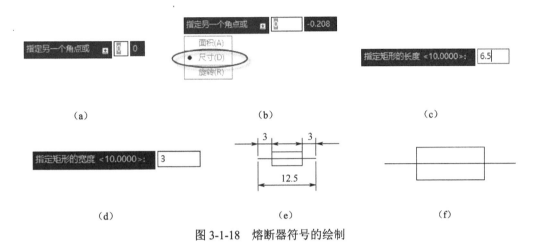

图 3-1-18　熔断器符号的绘制

3. 交流接触器主触头的绘制

（1）首先采用与三相组合开关的绘制技巧完成图 3-1-19（a）的绘制，尺寸长度如图 3-1-19（b）；

（2）用"圆" ◯ 命令，找到端点位置，如图 3-1-19（c）所示，光标上移，并输入数字 1（mm）并按下"Enter"键，如图 3-1-19（d）所示，调整圆的大小，让光标再次回到端点位置，点下鼠标左键完成圆形绘制，如图 3-1-19（e）所示；

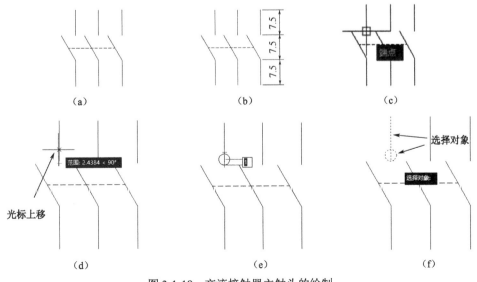

图 3-1-19　交流接触器主触头的绘制

（3）用"修剪" ⊹ 命令，选择对象并按"Enter"键，如图 3-1-19（f）所示，此时光标移至圆形右侧部分，单击鼠标左键，最后按下"Esc"键完成修剪，如图 3-1-19（g）所示；

（4）用"复制" ⁰⁰ 命令，完成将半圆形复制到其他两条线上，此时，交流接触器主触头就绘制完成了，如图 3-1-19（h）所示。

（g）　　　　　　　　　　　　　　　　（h）

图 3-1-19　交流接触器主触头的绘制（续）

4．三相异步电动机的绘制

（1）用"圆" ⊙ 命令，绘制半径为 15mm 的圆形，如图 3-1-20（a）；

（2）在圆形的正上方先绘制一条长度为 5mm 的直线，如图 3-1-20（b）所示，在 5mm 直线的基础上再往上绘制一条 10mm 的直线，见图 3-1-20（c）所示；

（3）在 5mm 和 10mm 的直线交点处，向左向右各绘制一条 10mm 的直线，如图 3-1-20（d）和图 3-1-20（e）所示；

（4）以水平直线的两个端点为圆心，绘制直线，如图 3-1-20（h）所示；

（5）以三角形的两个端点绘制两条竖线，并使用"修剪" ⊹ 命令完成修剪，修剪后的图形如图 3-1-20（g）所示；

（6）使用鼠标完成对三条电源线的选择，如图 3-1-20（h）所示，使用"镜像" ⚊ 命令，以圆心为基准，分别选择水平的两个交点，如图 3-1-20（i）和图 3-1-20（j）所示，此时按下"Enter"键确认，就完成了三相电机的绘制，如图 3-1-20（k）所示。

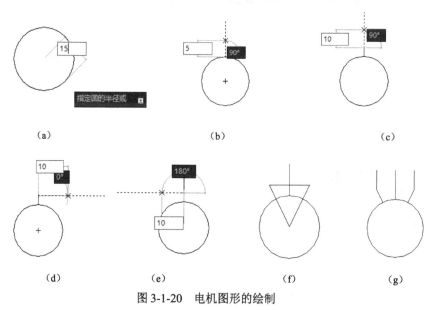

（a）　　　　　　　　　　（b）　　　　　　　　　　（c）

（d）　　　　　　　（e）　　　　　　　（f）　　　　　　　（g）

图 3-1-20　电机图形的绘制

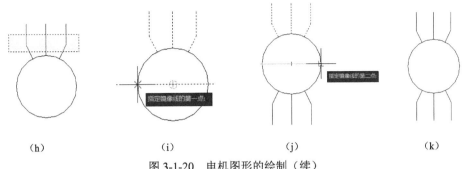

|　　　（h）　　　　　　　（i）　　　　　　　（j）　　　　　　　（k）|

图 3-1-20　电机图形的绘制（续）

5. 文字标识

（1）用"多行文字" A 命令，在需要插入文字的指定位置点击进行编辑，如图 3-1-21（a）所示，编辑常用的内容包含文字样式、字体、文字高度、字体颜色等内容，如图 3-1-21（b）所示。

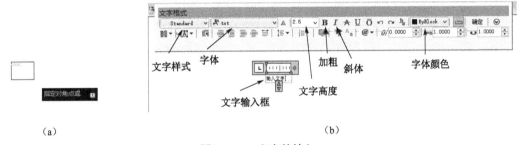

（a）　　　　　　　　　　　　　　　　　　（b）

图 3-1-21　文字的输入

利用以上所学习的绘图技巧，尝试完成热元件、按钮、时间继电器线圈的绘制，图例及尺寸如图 3-1-22 所示。

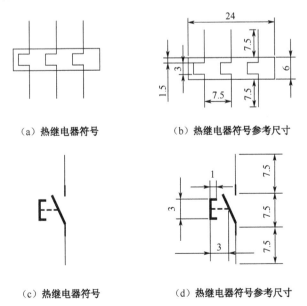

（a）热继电器符号　　　　　（b）热继电器符号参考尺寸

（c）热继电器符号　　　　　（d）热继电器符号参考尺寸

图 3-1-22　部分元器件的图形符号和参考尺寸

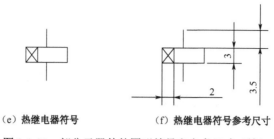

（e）热继电器符号　　　　　　（f）热继电器符号参考尺寸

图 3-1-22　部分元器件的图形符号和参考尺寸（续）

活动 2　完成三相异步电动机 Y-△ 降压启动电路原理图绘制

根据任务 1 所学习的绘图技巧，完成三相异步电动机 Y-△ 降压启动电路原理图的绘制，原理图参考图 3-1-23。

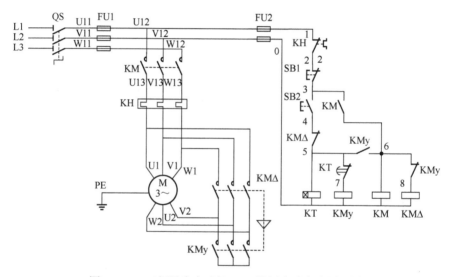

图 3-1-23　三相异步电动机 Y-△ 降压启动电路原理图

任务 2　M7120 磨床电路图绘制

一、任务介绍

本任务是在基本电气元件绘制的基础上，学习如何在日常学习工作中，采用更为有效的方法，把常用的图形符号进行储存，为今后的制图提供资源，提高效率。

二、任务分析

以电气制图为例，当图形比较简单时，采用基本的绘制技巧就可以轻松地完成任务，如果对于复杂图形，或者在对多张图纸绘制的过程中，有些常用图形符号、文字符号反复出现，如果每次都进行绘制，效率就会降低。AutoCAD 为我们提高效率提供了支持，在本任务里将要学习如何更高效地完成复杂图纸的绘制。

三、知识点导航

（一）机床电路绘制的基本要求

机床电路图相对基本电力拖动电路而言较为复杂，包含的元器件及电气设备较多，电路中的符号也较多，即便再复杂的机床电路，也是由基本电路叠加而成的，在掌握了一般电力拖动电路的绘制基础上需要注意以下针对机床电路的绘制要求及注意事项。

1. 电路图一般分电源电路、主电路和辅助电路三部分绘制。

（1）电源电路画成水平线，三相交流电源相序 L1、L2、L3 自上而下依次画出，中性线 N 和保护地线 PE 依次画在相线之下。直流电源的正极画在上方，负极在下方画出。电源开关要水平画出。

（2）主电路是指受电的动力装置及控制、保护电器的支路等，它由主熔断器、接触器的主触头、热继电器的热元件以及电动机等组成。主电路通过的电流是电动机的工作电流，电流较大。主电路图要画在电路图的左侧并垂直电源电路。

（3）辅助电路一般包括控制主电路工作状态的控制电路，显示主电路工作状态的指示电路，提供机床设备局部照明的照明电路等。它由主令电器的触头、接触器线圈及辅助触头、继电器线图及触头、指示灯和照明灯等组成。辅助电路通过的电流都较小，一般不超过 5A。画辅助电路时，辅助电路要跨接在两相电源线之间，一般按照控制电路、指示电路和照明电路的顺序依次垂直画在主电路图的右侧，且电路中与下方电源线相连的耗能元件（如接触器和继电器的线圈、指示灯、照明灯等）要画在电路图的下方，而电器的触头要画在耗能元件与上方电源线之间。为读图方便，一般应按照自左至右、自上而下的排列来表示操作的顺序。

2. 电路图中，各电器元件是按未通电或没有受外力作用时的状态绘制的。在不同的工作阶段，各个电器的动作不同，触点或为闭合状态，或为断开状态。而在电气原理图中只能表示出一种情况。因此，规定所有电器的触点均表示在原始情况下的位置，即在没有通电或没有发生机械动作时的位置。对接触器而言，电路图中的常开常闭点所表示的是线圈未通电，触点未动作时的图形符号；对按钮来说，绘制的常开常闭点是指未按下按钮时触点的位置；对热继电器来说，是常闭触点在未发生过载动作时的位置。低压元件图形较多，在此不一一举例说明。

3. 触点的绘制位置。使触点动作的外力方向必须是：当图形垂直放置时为从左到右，即垂线左侧的触点为常开触点，垂线右侧的触点为常闭触点；当图形水平放置时为从下到上，即水平线下方的触点为常开触点，水平线上方的触点为常闭触点。

4. 电路图中，不画各电器元件实际的外形图，而采用国家统一规定的电气图形符号画出。

5. 电路图中，同一电器的各元件不按它们的实际位置画在一起，而是按其在线路中所起的作用分画在不同电路中，但它们的动作却是相互关联的，因此必须标注相同的文字符号。若图中相同的电器较多时，需要在电器文字符号后面加注不同的数字以示区别，如KM1、KM2 等。

6. 画电路图时，应尽可能减少线条和避免线条交叉。对有直接电联系的交叉导线连接点，要用小黑圆点表示；无直接电联系的交叉导线则不画小黑圆点。

7. 电路图采用电路编号法，即对电路中的各个节点用字母或数字编号。

（1）主电路在电源开关的出线端按相序依次编号为 U11、V11、W11。然后按从上至下、从左至右的顺序，每经过一个电器元件后，编号要递增，如 U12、V12、W12；U13、V13、W13……单台三相交流电动机（或设备）的三根引出线按相序依次编号为 U、V、W。对于多台电动机出线的编号，为了不致引起误解和混淆，可在字母前用不同的数字加以区别，如 1U、1V、1W；2U、2V、2W……

（2）辅助电路编号按"等电位"原则从上至下、从左至右的顺序依次用数字编号，每经过一个电器元件后，编号要依次递增。控制电路编号的起始数字必须是 1，其他辅助电路编号的起始数字依次递增 100，如照明电路编号从 101 开始；指示电路编号从 201 开始等。

8. 在原理图的上方将图分成若干图区，并标明该区电路的用途与作用；在继电器、接触器线圈下方列有触点表，以说明线圈和触点的从属关系。例如，图 3-2-1 就是根据上述原则绘制出的某机床电气原理图。

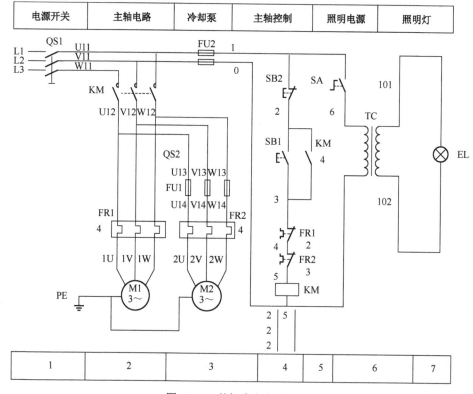

图 3-2-1 某机床电气原理图

9. 电气原理图符号位置的索引。

在较复杂的电气原理图中，对继电器、接触器线圈的文字符号下方要标注其触点位置的索引；而在其触点的文字符号下方要标注其线圈位置的索引。符号位置的索引，用图号、页次和图区编号的组合索引法，索引代号的组成如图 3-2-2 所示。

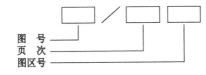

图 3-2-2　电气原理图符号位置的索引标注方法

当与某一元件相关的各符号元素出现在不同图号的图样上，而每个图号仅有一页图样时，索引代号可以省去页次；当与某一元件相关的各符号元素出现在同一图号的图样上，而该图号有几张图样时，索引代号可省去图号。以此类推。当与某一元件相关的各符号元素出现在只有一张图样的不同图区时，索引代号只用图区号表示。

如图 3-2-1 所示的图区 5 中，交流接触器 KM 常开触点下面的 4 即为最简单的索引代号，它指出交流接触器 KM 的线圈位置在图区 4。图区 2 中，热继电器热元件 FR1 下面的 4，即表示热继电器 FR1 的辅助触点在图区 4。

在电气原理图中，接触器和继电器的线圈与触点的从属关系，应当用附图表示。即在原理图中相应线圈的下方，给出触点的图形符号，并在其下面注明相应触点的索引代号，未使用的触点用"X"表明或不标识。如图 3-2-1 所示的图区 4 中 KM 线圈下方的是接触器 KM 相应触点的位置索引。

在接触器 KM 触点的位置索引中，左栏为主触点所在的图区号（有三个主触点在图区 2），中栏为辅助常开触点所在的图区号（一个触点在图区 5），右栏为辅助常闭触点所在的图区号（两个触点都没有使用）。如图 3-2-3 所示。

图 3-2-3　索引标示

（二）完成基本元件图块库的创建

1. 图块介绍

图块是由多个对象组成的集合并具有对应的块名。我们通过建立图块，可以把多个对象作为一个整体来操作

在 CAD 中，使用图块可以提高工作效率，节省储存的空间，同时便于进行修改和重新定义图块。图块具有以下特点：

提高绘图效率：使用 CAD 进行绘图，经常需要绘制一些重复出现的图形，如建筑工程中的门和窗，如果把这些图形做成图块并以文件形式保存在电脑中，当需要调用时再将其调入到图形文件中，就可以避免大量的重复工作，从而提高绘图工作效率，节省储存空间（AutoCAD 要保存图形中每一个相关属性的信息，比如对象的图层、颜色和线性等，会占用大量的空间，可以把这些相同的图形先定义成块，然后再插入，就可以节省空间了）。

为图块添加属性：CAD 允许为图块创建具有文字信息的属性并可以在插入图块时指定是否显示这些属性。

2. 图块的建立

有时在一个图纸需要重复绘制同一对象，如果每次都要绘制的话，不仅仅增大文件的体积，而且效率很低，这个时候可以考虑创建图块。

以创建一个交流接触器线圈图块为例，方法及步骤如下：

（1）在 AutoCAD 软件中完成交流接触器线圈的绘制，如图 3-2-4 所示。

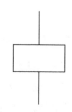

图 3-2-4　交流接触器线圈符号

（2）用"创建块"命令，调出创建块自定义界面，在"块定义"窗口中，输入块名称，大家给块取名时要方便引用，如图 3-2-5 所示。

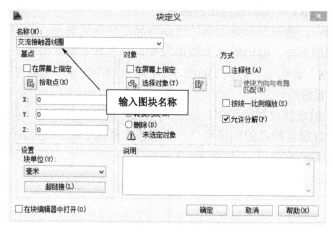

图 3-2-5　图块名称的输入

（3）完成对象的选取（完成交流接触器线圈的选取），如图 3-2-6 所示。

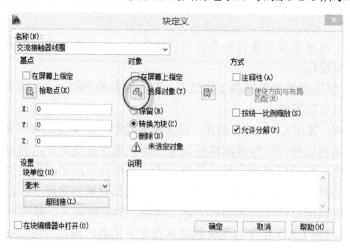

图 3-2-6　图块对象的选取

（4）完成拾取点的操作，拾取点的位置就是下次引用块参照插入点的位置，拾取点的选择应该根据图块的图形中的位置或个人绘图习惯进行选取，就交流接触器线圈而言，把最上端作为拾取点，如图 3-2-7 所示。

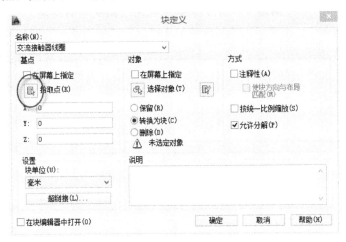

图 3-2-7　图块拾取点

（5）单击"块定义"下方的"确定"按钮，则完成了交流接触器线圈图块的创建。

3. 图块的调用

（1）用"创建块"命令，在"插入"界面中单击"浏览"按钮，选择"交流接触器"，如图 3-2-8 所示。

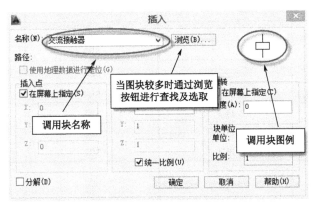

图 3-2-8　块调用界面

（2）单击"确定"按钮，找到所需要插入的位置，即可完成交流接触器线圈图块的插入，如图 3-2-9 所示。

图 3-2-9　图块的插入

四、任务实施

活动 1 M7120 磨床电路图图块库的创建

根据 M7120 磨床电路图的实际绘制需要，创建图库。需要注意的是，图库的创建不单单是完成图形符号的图块创建，还应该包含横线、竖线、点号、文字符号等图块的创建。创建图块样例见表 3-2-1。

表 3-2-1　M7120 磨床电路图块样例

图块名称	图块符号	图块名称	图块符号
点号	●	控制变压器	（图）
横线	——	TC	TC
竖线	│	转换开关	（图）
三相电源	（图）	按钮常开触头	E（图）
L1	L1	按钮常闭触头	E（图）
L2	L2	SB1	SB1
L3	L3	SB2	SB2
熔断器	（图）	SB3	SB3
FU1	FU1	SB4	SB4
FU2	FU2	SB5	SB5
FU3	FU3	SB6	SB6
FU4	FU4	SB7	SB7
隔离开关	（图）	SB8	SB8
QS	QS	SB9	SB9
交流接触器主触头	（图）	SB10	SB10
通用辅助常开触头	（图）	整流元件	（图）
通用辅助常闭触头	（图）	VC	VC
线圈	（图）	电容符号	（图）

图块名称	图块符号	图块名称	图块符号
KM1	KM1	C	
KM2	KM2	电磁铁	
KM3	KM3	YH	YH
KM4	KM4	电阻	
KM5	KM5	R	R
KM6	KM6	插头插座	
KA	KA	X	X
热继电器热元件	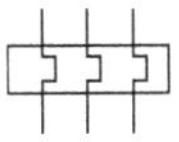	指示灯、照明灯	
热继电器常闭触头		HL1	HL1
FR1	FR1	HL2	HL2
FR2	FR2	HL3	HL3
FR3	FR3	HL4	HL4
交流三相异步电动机	 M3 3～	HL5	HL5
M1	M1	HL6	HL6
M2	M2	HL7	HL7
M3	M3	EL	EL
M4	M4	0	0
接地符号		1	1
地线连接器符号	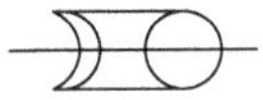	2	2
PE	PE	3	3
中性点符号		……	注：图形涉及数字图块较多，不一一列举，在任务实施阶段自行完成

活动 2　调用图块内容完成 M7120 磨床电路图的绘制

在任务一的基础上调用图块完成 M7120 磨床电路图的绘制，当发现绘图过程中出现缺少图块时，进行及时添加完善。M7120 磨床电路图图样如图 3-2-10 所示。

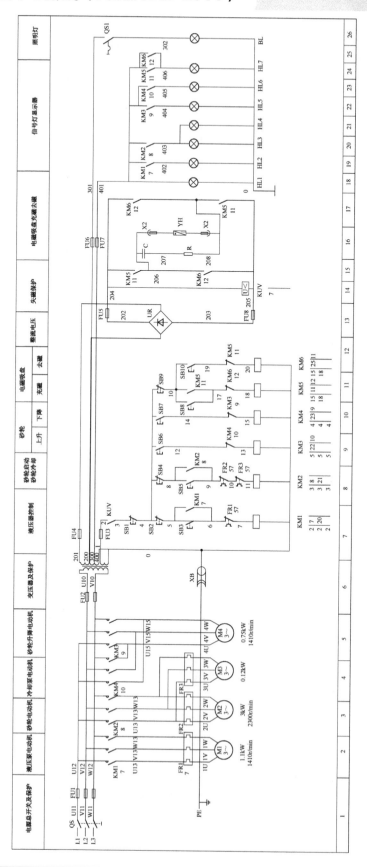

图 3-2-10 M7120 磨床电路图

五、项目评价

1. 每组选派一名代表以 PPT、录像或影片的形式向全班展示、汇报学习成果。
2. 在每位代表展示结束后，其他每组请选派一名代表进行简要点评。

学生代表点评记录：_____

_____

_____

_____

3. 项目评价

项目评价表

评价内容	学习任务	配分	评分标准	得分
专业能力	任务 1 三相异步电动机 Y-△降压启动电路原理图绘制	40	完成任务，能够掌握图块的创建及调用方法 10 分；图块建立较为完整 20 分；人员设备安全得 5 分；遵守纪律，积极合作，工位整洁得 5 分。损坏设备或没完成此题不得分	
	任务 2 M7120 磨床电路图绘制	40	完成任务，图块调用熟练 10 分；绘制图纸清晰、明了，排版自然得 15 分；人员设备安全得 10 分；遵守纪律，积极合作，工位整洁得 5 分。损坏设备或没完成此题不得分	
方法能力	任务 1～任务 2 整个工作过程	10	信息收集和筛选能力、制定工作计划、独立决策、自我评价和接受他人评价的承受能力、计算机应用能力。根据任务 1～任务 2 的工作过程表现评分	
社会能力	任务 1～任务 2 整个工作过程	10	团队协作能力、沟通能力、对环境的适应能力、心理承受能力。根据任务 1～任务 2 的工作过程表现评分	
总得分				

4. 指导老师总结与点评记录：

_____

_____

_____

_____

_____

_____

5. 学习总结：

_____

_____

_____

_____

_____

项目三习题

1. 电气工程图纸的分类有哪些？
2. 简述电力拖动电路图线号的编制方法。
3. 简述机床电路图包含的内容。
4. 简述图块的创建和调用方法及流程。

PLC、变频器综合电路图绘制

项目描述

在前面的几个项目中,我们学习了基本图样、各类低压元器件、基础电路图的标准绘制。在现今的电工作业中,施工现场也离不开标准的电气控制原理图,正规的电工作业就应当严格按照电气控制原理图来进行,项目三动力控制电路图绘制,其实就是一种标准的作图。本项目中所针对的是以工业控制中电控部分为标准的电气原理图,相对会复杂一些,但是对今后的识图与读图有非常大的帮助和借鉴作用。

学习任务

任务1 绘制 PLC 面板示意图和简单图纸
任务2 绘制 PLC 及其附加设备控制电路

学习目标

1. 能正确对 PLC、变频器模块进行接线
2. 能正确根据 PLC、变频器的接线方法画出相对应的线路图
3. 能正确画出电力拖动中的主控回路
4. 通过完整地绘制综合电路能举一反三,绘制不同品牌 PLC、变频器的综合电路
5. 能通过自主学习,完成对 PLC 模块、变频器、触摸屏、伺服电机、步进电机综合线路图的绘制

学习资源

可正常运行 AutoCAD 2014 版本的计算机、PLC 主模块、PLC 扩展模块、变频器模块、教学用小型三相异步电动机(以上四种设备可根据所持有的教学资源自行选择)、各种类的低压元器件。

学习方法

行动导向学习法、讨论学习法、合作学习法、自由作业法、4 阶段学习法、任务驱动学习法、比较学习法、听讲学习法、跟踪学习法、探索式学习法。

课时安排

建议 32 课时。

任务1 绘制 PLC 面板示意图和简单图纸

一、任务介绍

对于标准的施工图纸绘制，首先要明白各类纸张有不同的尺寸大小，市面上现有的纸张尺寸型号分为 A0、A1、A2、A3、A4 等，那么在绘制完整的系统图之前，必须知道一张工程图纸是如何制作出来的，有哪些要求，应注意哪些细节，然后在此基础上先绘制一个简单的 PLC 接线图，并把在此过程中绘制的一些电力拖动中的低压元件图形和文字符号保存入库，并了解如何对其调用，方便今后将复杂图形简单化。

二、任务分析

绘制标准施工图，首先要熟记图形的基本绘制操作，在此基础上，要学习如何将基础操作延伸，并熟练地使用一些复杂的功能去操作，在此基础上去绘制好所需要的图纸，并加以完善。

三、知识点导航

本学习任务中首先需要了解一张正确的图纸是如何制作的，再去绘制其他的图纸元素，这其中还包含图纸大小的设置和文字的编辑等内容。

（一）图纸的绘制

（1）打开 AutoCAD 2014 软件后，为了方便观察图纸，可暂时取消对"栅格显示"项目的选择，去掉图纸中的格栅，使纸面清晰。

（2）在软件窗口最上部分点击箭头，在"自定义快速访问工具栏"的下拉列表中选择"显示菜单栏"，如图 4-1-1 所示，如此一来，在软件的上部会多出一层工具栏进行使用，方便后续的操作。

（3）开始绘制图纸的形状和大小，在本书中以 A4 纸张的大小为例讲解。首先一张 A4 纸的大小以横向为例，为 290mm×210mm。在 CAD 制图中，长度单位默认为 mm。首先在"默认"工具栏中选择"矩形"选项，如图 4-1-2 所示，接着在作图面板上随意找到一个位置，定下第一个坐标点。

接着在鼠标边上显示的输入框中输入第一个边长"290"[图 4-1-3（a）]，再按下键盘左边的"Tab"键，切换到第二个输入框，输入第二边长"210"[图 4-1-3（b）]，最后按下"Enter"键或空格键。此时，一个 A4 大小的矩形框便绘制出来了，这便是图纸的大小，之后的绘图操作便在该矩形框中完成。大家也可尝试绘制不同尺寸的图纸，也是按照这个方法来进行绘制。

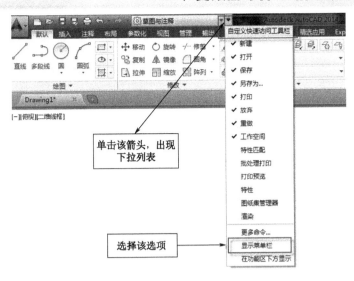

图 4-1-1　将新的菜单栏显示出来

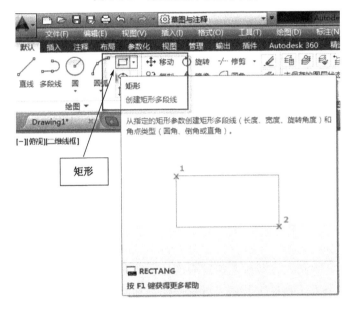

图 4-1-2　选择"矩形"选项

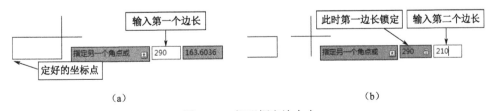

（a）　　　　　　　　　　　　　　　　（b）

图 4-1-3　矩形框定边大小

（4）不同型号图纸的尺寸大小及参数，可以在打印页面看到，操作方式如图 4-1-4（a）、（b）所示，可看到多种类型纸张大小的参数。

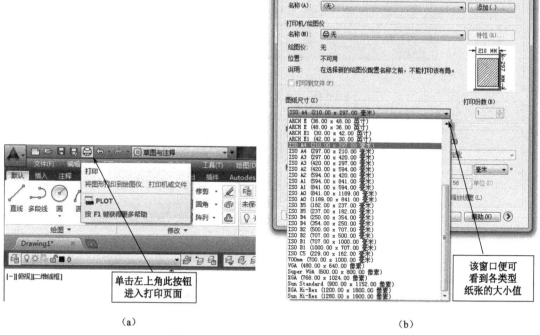

（a）　　　　　　　　　　　　　　　　（b）

图 4-1-4　如何查询各类纸张标准大小

5. 工程图纸应有工程名称、图名、图号以及设计人、绘图人、审核人的签名和日期等，把这些项目合在一起制作的表格称为标题栏，会签栏是为各工种负责人签字用的表格，标题栏和会签栏都放在图纸装订边的上端或右端。

图纸标题栏及会签栏的格式与内容都有规定，有的单位也有根据需要自行确定。它们的大小也会根据不同单位的要求会有所改变。一般标题栏的绘制要求为：长 180mm，高 45mm 或 60mm。一般制图作业不用画会签栏。

下面以制作标题栏为例，标题栏长度为 90mm，高度为 45mm，其中需要标注有：工程名称、图名、图号、绘图人、审核人和日期这几项类别。

首先在软件最下方工具栏中开启"对象捕捉"功能，然后按照之前画图纸框的方法，选择"矩形"绘制，以图纸的右下角定好坐标，因为需要反向绘制，所以第一数据输入为"-90"［图 4-1-5（a）］，然后按"Tab"键切换到第二数据，输入"45"［图 4-1-5（b）］，最后按"Enter"键，标题栏的大小就定好了，如图 4-1-5 所示。

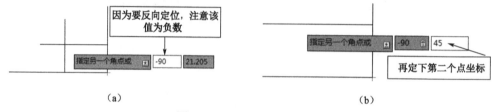

（a）　　　　　　　　　　　　　　　　（b）

图 4-1-5　制作标题栏的过程

然后尝试用这个办法把标题栏划分为每行高度为"15"mm，每列宽度为"45"mm，参照图 4-1-6 所示完成图纸页面绘制，一张 A4 大小的工程图纸就绘制完成了。

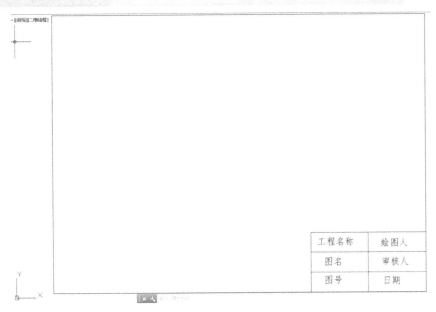

图 4-1-6　完成的 A4 大小工程图

（二）文字样式与文字编辑

在图 4-1-6 中的标题栏内，使用了文字编辑输入，在工程图纸中，文字的注释也相当重要，下面就如何在 CAD 图纸中设置文字样式与编辑文字进行详细讲解。

（1）制图时使用字体标准推荐为：

① A4、A3 图幅选 3.5 号仿宋体或宋体；

② A2、A1 图幅选 5 号仿宋体或宋体。

（2）在此以 5 号仿宋字体来举例说明。首先需要按图 4-1-1 中的操作，将菜单栏显示出来，然后选择"格式"→"文字样式"选项，如图 4-1-7 所示。

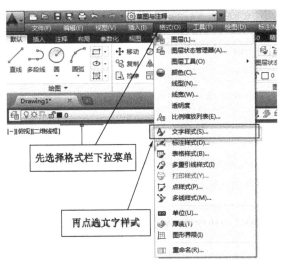

图 4-1-7　选择文字样式

（3）弹出"文字样式"对话框后，单击右侧的"新建"按钮，创建一个新的工程文字样式，并对其进行命名，单击"确定"按钮结束，如图 4-1-8 所示。

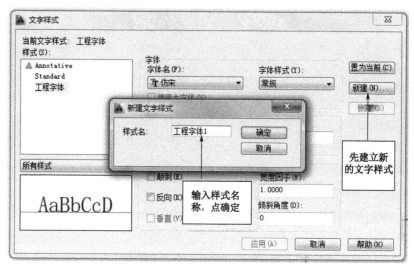

图 4-1-8　创建新的工程文字样式

（4）单击"字体"下拉框，选择所需要的字体名，这里选择"仿宋"，如图 4-1-9 所示。

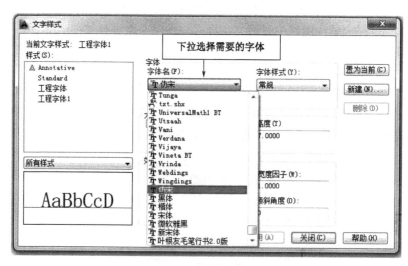

图 4-1-9　选择需要的字体

（5）接下来将"高度"栏中的数值设置为"5"，"宽度因子"和"倾斜角度"根据需要再进行设置，在本例中不进行设置。最后单击"应用"按钮完成新的文字样式的设定，如图 4-1-10 所示。

（6）建立好新的文字样式后，便可以使用"默认"功能栏中的"文字"→"多行文字"来进行文字输入，如图 4-1-11 所示。

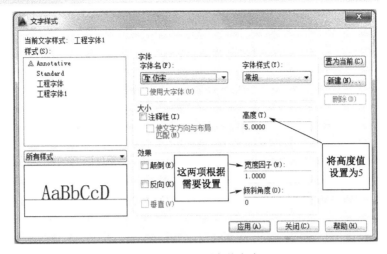

图 4-1-10　设置字体高度

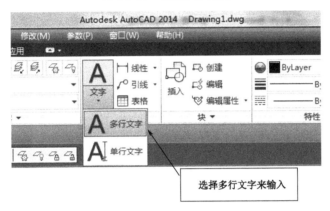

图 4-1-11　选用文字输入

（7）我们在之前做好的标题栏中进行实例讲解，如图 4-1-12 所示，首先在需要输入文字的框体中点选左上角的一个坐标进行文字定位[图 4-1-12（a）]，此时使用"对象捕捉"功能会非常方便，定好第一个点后，将需要的文字框拖到合适的大小，也可以自行用坐标值进行定位作业[图 4-1-12（b）]。最后单击鼠标，完成文字输入框大小的定位。

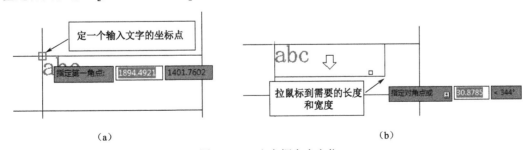

（a）　　　　　　　　　　　　　　　　　　（b）

图 4-1-12　文字框大小定位

（8）单击文本输入框，输入所需要的文字，再单击周围任意空白处，完成了文字输入，如图 4-1-13 所示。

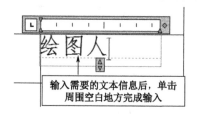

图 4-1-13　文字输入

（9）如果对所做出的文字位置进行纠正或修改，如图 4-1-14 所示，首先单击之前文字输入框的第一个定位点，这时定位点变为粉红色[图 4-1-14（a）]，然后拖动鼠标将文本框移动到所需要的位置，或使用坐标进行定位[图 4-1-14（b）]，再单击鼠标，完成文本框的移动。

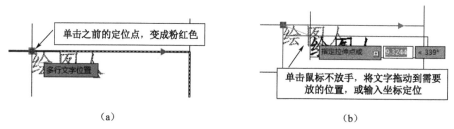

（a）　　　　　　　　　　　　　　　　　（b）

图 4-1-14　文本框的位移

（10）如果需要修改文本框中的文字信息，只要在原文本框处用鼠标双击文字框，此时软件上部工具栏自动转换为"文字编辑器"，如图 4-1-15 所示。"样式"中可选择之前创建的或者原有的字体模版；"注释性"中可输入数值修改文字的大小，将文本框中所有字体用鼠标框起来，然后修改其值，按"Enter"键，新的字体大小编修改成功，并保存在"注释性"中；"格式"和"段落"中的项目与 Word 文档中的设置相似，这里不再赘述。

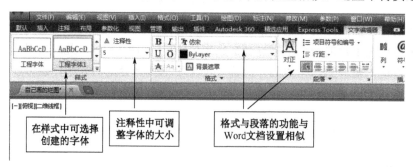

图 4-1-15　文字编辑器

（11）在后续的制图工作中，还需要频繁地对文字进行翻转，翻转的方法如图 4-1-16 所示。以 PLC 的输入端"X1"为例，首先输入文字，并在"默认"菜单中选择"旋转"功能[图 4-1-16（a）]，接着先用鼠标左键选中需要旋转的文字，文字变为虚线状态，然后再单击鼠标右键，此时需要在字体上选择一个基点，基点的选择关系到文字旋转的朝向，我们以选择左上角为基点，此时左上角出现绿色小框[图 4-1-16（b）]，定好基点后，当移动鼠标，文字便会以基点为圆心随着鼠标的移动方向而旋转，或者是在"指定旋转角度"框中输入所需旋转的角度值，以"90"度为例[图 4-1-16（c）]，按下"Enter"键后，文字便以所定的翻转角度位移到当前位置[图 4-1-16（d）]，完成设置。

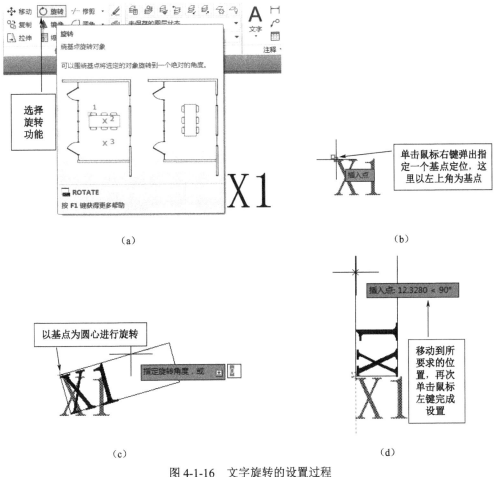

（a）

（b）

（c）

（d）

图 4-1-16 文字旋转的设置过程

四、任务实施

按照之前所学的内容，自行以工程图纸的模式绘制一幅两台电动机顺序启动、逆序停止控制线路的 PLC 改造线路接线图，电力拖动原理图如图 4-1-17 所示，要求如下：

（1）按照 A3 纸张的大小来绘制工程图纸；

（2）在图纸中要有元件 I/O 分配表；

（3）绘制 PLC 主模块接线图，需要将外部 I/O 所接低压元件绘制出来，主回路的电路可以不绘制；

（4）电气图纸虽然不需要做尺寸标注，但是在练习过程中要注意各个部件的大小要适当，尺寸要一致；

（5）在绘制图纸的过程中，需要多尝试使用"复制""镜像""旋转""分解""阵列"等功能，这样会极大地简化作图的难度，减少作图时间，也是标准化作图的需要；

（6）在绘制低压元件时，在同一个或者同一尺寸的图纸中，可以使用复制/粘贴的方法来放置元件，但是如果出现不同尺寸的需要另外绘制时，之前所做的元件尺寸大小就不对了，这时需要对元件进行"缩放"，在下一个任务中，我们要讲解如何制作一个简单的"元件库"，存放一些可重复利用的局部图纸。

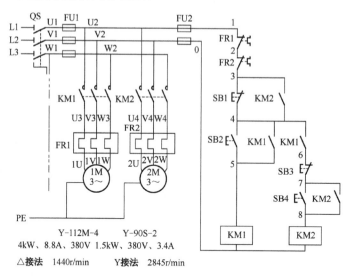

图 4-1-17　两台电动机顺序启动、逆序停止电路控制原理图

最后，我们做出来的图纸可以参照图 4-1-18 所示来完成，这里 PLC 模块以三菱 FX$_{3U}$-32MT 型号来示范，大家可以根据自己身边所使用的 PLC 型号来进行绘制接线图，要注意不同品牌型号的 PLC 的接线端编号会有一些误差，也可以根据自己的想法来排布图纸，但必须让图纸看起来美观、清晰。

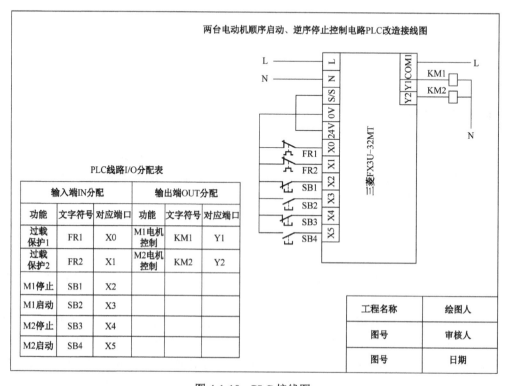

图 4-1-18　PLC 接线图

任务2　绘制 PLC 及其附加设备控制电路图

一、任务介绍

在学会基本的 PLC 改造线路绘制之后，实际的工程中可能会根据需要添加进许多的附加设备，比如 PLC 的扩展模块、变频器、触摸屏、伺服电机模块和步进电机模块，由此来形成一套完整的工业控制系统，那么由此一来，我们所需要绘制的图纸信息量就会增加，图纸的大小也会变化，现在的工作任务就是绘制一个复杂的综合电路，并继续了解工程制图中一些需要注意的事项。

二、任务分析

在上一个学习任务中，我们不难发现，如果需要在 A4 大小的纸张上绘制复杂线路是非常困难的，如果按照正常比例打印出来，复杂线路中的字体大小会被压缩得很严重，而且在构图时也会遇到框架尺寸大小不好计算的问题，因此在绘制复杂电路图时，尽量使用更大尺寸的图纸进行绘制，这个尺寸也可以由自己去制定，然后在打印的时候改变已画图的大小值。在选择好图幅大小后，绘制电路就能方便许多。

三、知识点导航

（一）图层、线型、颜色的编辑

在使用 AutoCAD 进行工程绘图时，为了获得不同的线性，就必须学会建立和编辑新的图层、线型和颜色。

（1）打开 AutoCAD 软件，单击窗口上端的"格式"型，选择"图层状态管理器"，如图 4-2-1 所示。在此需要注意的是，"格式"栏的显示需要按照上一个任务中图 4-1-1 所示调用出来。

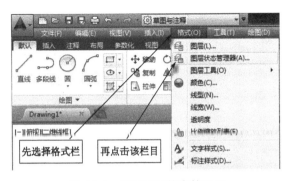

图 4-2-1　打开图层状态管理器

（2）在弹出的对话框中选择"新建"，然后给新图层取名，再单击"确定"按钮[图 4-2-2

（a）]。或者也可在"默认"工具栏中图层项目的下拉列表中新建[图 4-2-2（b）]。这里以建立虚线图层为例，也可根据需要添加"说明"，如图 4-2-2 所示。

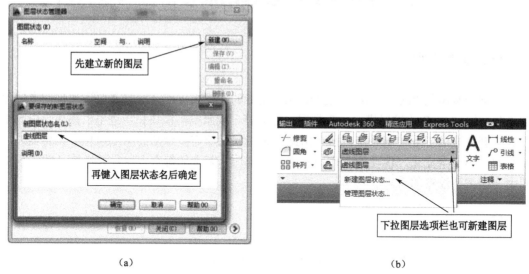

（a）　　　　　　　　　　　　　　　　（b）

图 4-2-2　创建新图层

（3）如图 4-2-3 所示，在"默认"栏"图层"项目中选择"图层特性"，在弹出的对话框中选"颜色"栏[图 4-2-3（a）]，再在"引索颜色"中选择需要的颜色"确定"按钮[图 4-2-2（b）]。

（4）如图 4-2-4 所示，单击"线型"项，弹出"选择线型"对话框，再单击"加载"按钮，弹出"加载或重载线型"对话框，最后选择好所需要的线型。此时会发现在"选择线型"窗口中发现多了一条刚才所选的线型，单击该线型，再单击下方的"加载"按钮，就设定好了已经更换的线型，在后续的作图中就会在该图层使用最新设定的线型了。

（a）

图 4-2-3　线段颜色的选择

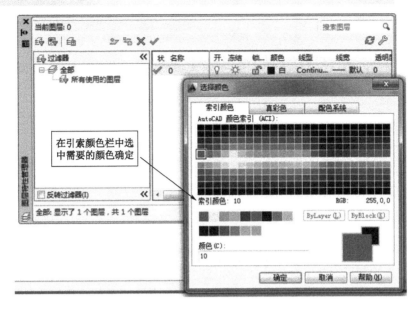

（b）

图 4-2-3　线段颜色的选择（续）

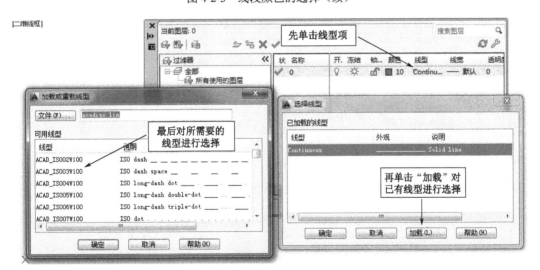

图 4-2-4　线型的选择

（5）在"图层特性管理器"窗口中选择"线宽"项目，弹出"线宽"对话框，在对话框中选择好所需要的线宽度，这里以 0.05mm 为例，确定后完成设置，如图 4-2-5 所示。

（6）最后在"图层"项目中的下拉菜单中选择所要的图层，然后进行绘图，如图 4-2-6 所示，如此一来，我们便在图纸上设置了两种不同的线型，在后续的作图中如果需要用到不同的线型，只需要在不同的图层进行作图，线段的样式会自动叠加起来。

（二）块的建立和使用

在绘制复杂电路过程中，往往有一些元件会出现重复使用的情况，尽管使用复制/粘贴也可以实现相应的功能，但是建立块的使用后会使模块更合理，图纸看起来更加专业。

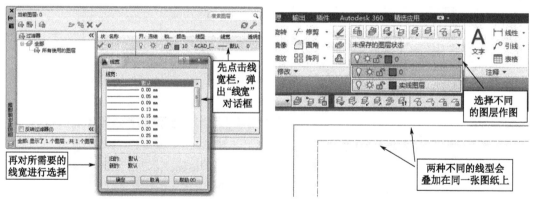

图 4-2-5　线宽的设置　　　　　　　　　　　图 4-2-6　图层效果图

（1）以一个完成的工程图为例，比如主回路中有一台双速电机，那么就需要绘制两个热继电器。首先绘制完成其中一个，做好标注，然后单击鼠标将所画元件全部选定，此时选中的热继电器会显示有非常多的节点，再单击 "默认"工具栏 "块"项目里的"创建"图标，弹出"块定义"对话框，输入元件名称，如图 4-2-7 所示。

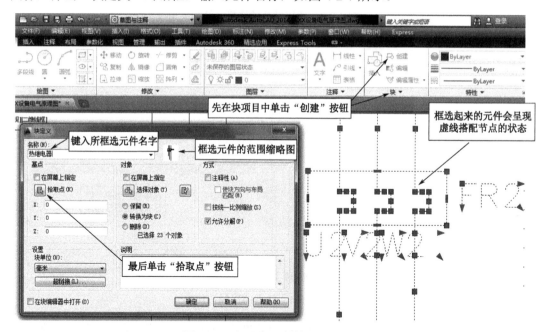

图 4-2-7　框选指定元件进行块定义

（2）单击"块定义"对话框中"基点"栏里的"拾取点"，如图 4-2-7 所示，单击后，"块定义"对话框自动消失，回到图纸页面，此时在刚才所框选的元件上找到一个与其他线段连接的点，如图 4-2-8 所示，这里我们选择左上角的 U 相线段顶点。选好后单击鼠标左键确定，"块定义"对话框又会自动显示出来，此时在"基点"栏里坐标位置会显示所指定基点的坐标值，如图 4-2-9 所示，再单击"确定"按钮，完成块的建立。此时再次框选元件，或者随意单击刚才所设元件的任意位置，你将会发现该元件已经形成一个整体结构，不会再显示节点了。

（3）如果大家想对所选的块进行一些线段或者文字的修改，那么可以用鼠标框选中需要的块之后，选择上部"默认"工具栏中"修改"项目里的"分解"功能，这样就能对块进行分解修改，修改后的情况不会保存到原先设定的块中，可以放心使用。

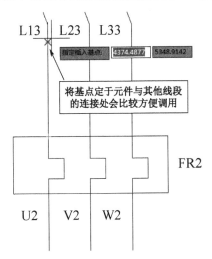

图 4-2-8　选择合适的拾取点

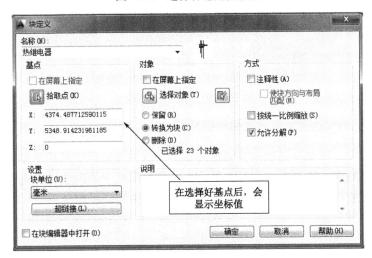

图 4-2-9　拾取点坐标确认

（4）如果需要调用之前做好的块，如图 4-2-10 所示，先选择"块"项目中的"插入"选项，弹出"插入"对话框，然后在名称下拉菜单中选择所需要的元件，单击"确定"按钮，对话框消失，在鼠标位置出现所选择的元件，最后将所选元件拖到指定的端点或插入点，单击鼠标左键，完成块的插入。

（5）在块功能的使用中要注意的是，该功能在同一张图纸上才能正常使用，如果新建一个绘图文件，便需要重新绘制新的块。我们也可以将绘制过并保存有块的图纸整个复制/粘贴到新的绘图文件中，这样可以把之前创建的块文件一起移植到新的文件中，大家可以自行操作尝试。在对创建过块的文件进行过保存之后，文件夹中会出现一个与图纸重名，但是文件后缀名为.bak 的新文件，该文件便是块的库文件。

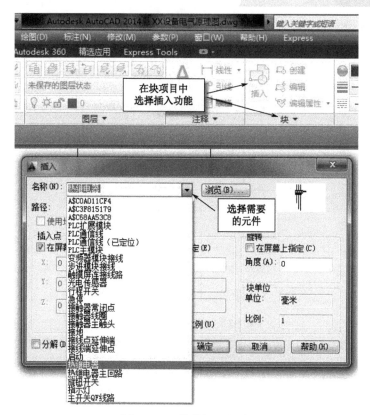

图 4-2-10　块的插入方法

（三）绘制三相双速电动机的线圈绕组简图

在绘图过程中，可能会遇到一些特殊的图形，这些图形需要利用所学的各种绘图方法来绘制，在这里简单介绍一下三相双速电动机在电气图纸中的画法。首先看图 4-2-11，为完成状态下的三相双速电动机图形符号，作图难点为中间绕组部分。

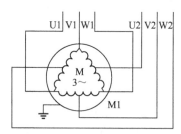

图 4-2-11　三相双速电动机图形符号

（1）使用"默认"栏中"绘图"里的"圆"功能，在图纸上画一个半径为 50 的圆，接着以该圆为基础，使用"镜像"功能，绘制出 5 个大小一致、平行相切的圆。如图 4-2-12 所示。

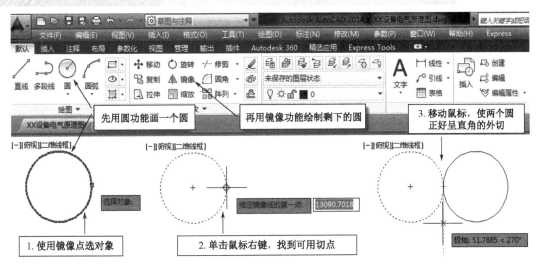

图 4-2-12　使用镜像功能做外切圆

（2）接下来使用"直线"功能，在画出来的 5 个圆的圆心上拉一条直线，并让该直线延伸出圆外，这里设定延伸出去的值为 20mm。然后选择"修改"项目中的"修剪"功能，在图纸空白处单击一次鼠标右键，接着单击鼠标左键并框选需要修剪的部分，这样就能修剪掉不需要的部分，最后将中部的连接线一条条地修剪掉，便完成了绕组其中的一段边，如图 4-2-13 所示。

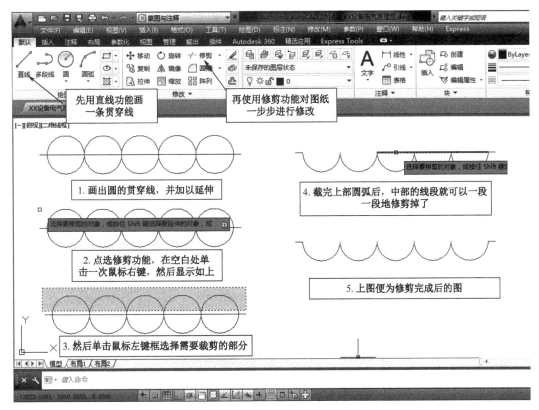

图 4-2-13　制作图形符号中的一段绕组符号

（3）接着制作剩下的两条边，使用之前所学过的镜像功能来完成绘制，方法如图 4-2-14 所示。如此一来三相双速电机的绕组符号就完成了。

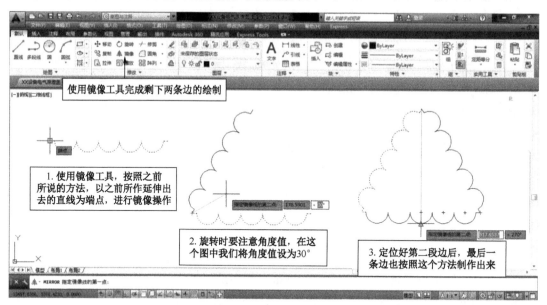

图 4-2-14　使用镜像功能完成最后两条绕组的制作

（4）最后还需要在绕组外部画一个圆，这就需要给这个圆定一个圆心，方法如图 4-2-15 所示。画完后，只需要将外部导线接线示意图绘制出来，并添加相应的文字，整个图纸便完成了。

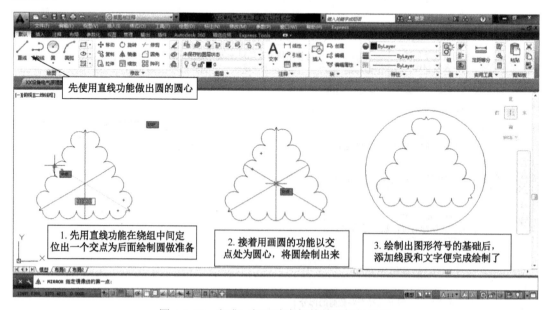

图 4-2-15　完成三相双速电机的基础框架绘制

（四）图案填充功能的简单使用

在绘制一些有粗细之分的线段时，为了和其他的线段进行区分，可以使用图案填充功能。在机械制图中，给工件的剖面进行阴影面的填充绘制，也是使用了这种功能，非常方便、快捷。在本次任务中，我们要绘制 RS232 通信线，需要将它和其他电路区分开来，因此需要使用该功能进行绘制。

（1）单击"默认"中"绘图"栏里的"图案填充"功能，如图 4-2-16 所示，这时软件页面上部会变为"图案填充创建"选项，在"图案"功能中选择自己所需要的图案进行作业，点选一次即可，更改图案也是如此，单击想更换的图标，系统自动会把目标区域中的填充物进行更换。

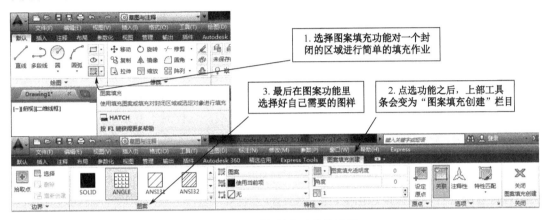

图 4-2-16　图案填充功能的选用

（2）接下来要注意的是，该功能必须在一个闭合的面中进行使用，也就是说不管你作出什么样的图形，你使用该功能填充的部分必须是一个线段闭合的空间，如果出现断点是不能填充的，如图 4-2-17 所示。

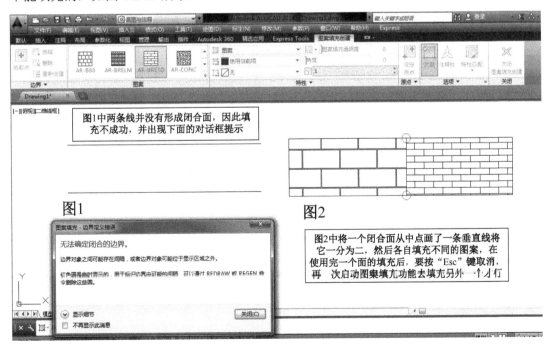

图 4-2-17　图案填充使用方法

3. 在多次的使用过程中不难发现，在绘制封闭区域时，尽量使用一次性画成的封闭面；如果是分解画出封闭面，那么在绘图栏下方的"状态栏"中必须将"对象捕捉"功能开启，这样会方便作图，更好地画出封闭面。

（五）其他元器件、设备的绘制要求

在上一个任务中我们已经了解了 PLC 模块的绘制，那么实际上其他模块比如变频器、触摸屏、步进电机模块、伺服电机模块的绘制都大致上相同，都是在矩形框内作图，但是有一些细节方面需要注意。

（1）步进和伺服驱动器的模块绘制，接线端处需要画有圆圈作为接线端；

（2）注释文字必须对应好接线端口，需清晰，便于查看；

（3）没有使用到的端口不一定要绘制出来，但如果需要预留绘制，那么要做好相应的排版编辑工作，方便之后的调整；

（4）并不是所有使用到的接线端口都需要进行连线，这样对于复杂的系统电路会导致图纸杂乱不堪，既不美观，也很难对其线路进行美化调整，如此一来，需要在绘图时标注好断线处所需要连接的位置地址，方便施工人员接线、排查；

（5）RS232 或 RS485 通信电缆、PLC 主模块与扩展模块之间的通信排线的绘制，需要用特殊的方法绘制，例如添加图层；

（6）在实际的工程图纸中不需要去做 I/O 分配表，但是需要在 PLC 的输入和输出外部元件接线处旁绘制功能说明表，对相应的元件功能进行说明；

（7）工程中如果对于线路、设备、导线有所要求，或对施工工作有所说明，需要在图纸左下角空白处进行文字说明和排版；

（8）对于所用到的元件和设备，必须在其旁边或框架内标注好文字符号或设备名称，方便施工作业。

四、任务实施

本学习任务需要大家按照所给定的两张某电气设备原理工程图纸自行绘制，以上面所提到的绘制要求来一边绘制，一边观察学习，了解系统的绘图有哪些需要注意的地方，也使自己能更加灵活地运用所学到的操作方法来绘制一个复杂图纸。在完成相应的图纸后，展示自己所绘制的样图，同时汇报收集到的相关资料及学习心得。

在绘制的过程中要注意各个元件和设备的大小，要灵活运用所学的方法来进行调整其间隔和距离，正确使用或选择文字的大小，合理安排图纸空间。

相关工程图纸（图 4-2-18 和图 4-2-19）见本书后附页。

五、项目评价

1．每组选派一名代表以 PPT、录像或影片的形式向全班展示、汇报学习成果。

2．在每位代表展示结束后，其他每组请选派一名代表进行简要点评。

学生代表点评记录：_____

_____

_____

_____

3．项目评价

项目评价表

评价内容	学习任务	配分	评分标准	得分
专业能力	任务 1 绘制两台电机顺启逆停 PLC 改造线路图及 I/O 分配表	20	完成任务，图幅使用正确得 10 分；绘制图纸清晰、明了得 5 分；图纸排序规整自然，人员设备安全得 5 分；遵守纪律，积极合作，工位整洁得 5 分。损坏设备或没完成此题不得分。	
	任务 2 绘制××设备电气控制原理图（一）	30	完成任务，图幅使用正确得 20 分；绘制图纸清晰、明了得 10 分；图纸排序规整自然，人员设备安全得 10 分；遵守纪律，积极合作，工位整洁得 5 分。损坏设备或没完成此题不得分。	
	任务 3 绘制××设备电气控制原理图（一）	30	完成任务，图幅使用正确得 20 分；绘制图纸清晰、明了得 10 分；图纸排序规整自然，人员设备安全得 10 分；遵守纪律，积极合作，工位整洁得 5 分。损坏设备或没完成此题不得分。	
方法能力	任务 1～任务 3 整个工作过程	10	信息收集和筛选能力、制定工作计划、独立决策、自我评价和接受他人评价的承受能力、计算机应用能力。根据任务 1～任务 3 的工作过程表现评分。	
社会能力	任务 1～任务 3 整个工作过程	10	团队协作能力、沟通能力、对环境的适应能力、心理承受能力。根据任务 1～任务 3 的工作过程表现评分。	
总得分				

4．指导老师总结与点评记录：

_____

_____

_____

_____

5．学习总结：

_____

_____

_____

_____

项目四习题

一、单项选择题

1. "图层" 工具栏中按钮 "将对象的图层置为当前" 的作用是（　　　）。

    A. 将所选对象移至当前图层

    B. 将所选对象移出当前图层

    C. 将选中对象所在的图层置为当前层

    D. 增加图层

2. 当捕捉设定的间距与栅格所设定的间距不同时（　　　）。

    A. 捕捉仍然只按栅格进行   B. 捕捉时按照捕捉间距进行

    C. 捕捉既按栅格，又按捕捉间距进行   D. 无法设置

3. 在选择集中去除对象，按住哪个键可以进行去除对象选择。（　　　）

    A. Space   B. Shift   C. Ctrl   D. Alt

4. 利用夹点对一个线性尺寸进行编辑，不能完成的操作是（　　　）。

    A. 修改尺寸界线的长度和位置   B. 修改尺寸线的长度和位置

    C. 修改文字的高度和位置   D. 修改尺寸的标注方向

5. 边长为 10 的正五边形的外接圆的半径是（　　　）。

    A. 8.51   B. 17.01   C. 6.88   D. 13.76

6. 绘制带有圆角的矩形，首先要（　　　）。

    A. 先确定一个角点   B. 绘制矩形再倒圆角

    C. 先设置圆角再确定角点   D. 先设置倒角再确定角点

7. 若刚绘制了一个多段线对象，想撤销该图形的绘制，下面操作错误的是（　　　）。

    A. 按 "Ctrl+Z" 快捷键   B. 按 "Esc" 键

    C. 通过输入命令 U   D. 在命令行输入 Undo

8. 要剪切与剪切边延长线相交的圆，则需执行的操作是（　　　）。

    A. 剪切时按住 "Shift" 键   B. 剪切时按住 "Alt" 键

    C. 修改 "边" 参数为 "延伸"   D. 剪切时按住 "Ctrl" 键

9. 在 AutoCAD 中，构造选择集非常重要，下列不是构造选择集的方法的是（　　　）。

    A. 按层选择   B. 对象选择过滤器

    C. 快速选择   D. 对象编组

10. 关于图块的创建，下面说法不正确的是（　　　）。

    A. 任何 dwg 图形均可以作为图块插入

    B. 使用 block 命令创建的图块只能在当前图形中调用

    C. 使用 block 命令创建的图块可以被其他图形调用

    D. 使用 wblock 命令可以将当前图形的图块再次写块

11. 按照图 1 中的设置，创建的表格是几行几列？（　　　）

    A. 8 行 5 列   B. 6 行 5 列

    C. 10 行 5 列   D. 5 行 4 列

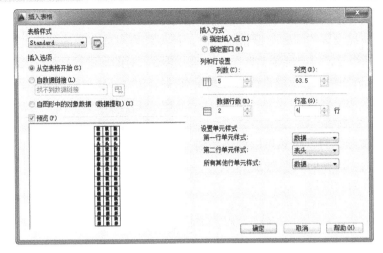

图1

12. 如图2所示图形，正五边形的内切圆半径 R=（ 　　 ）

    A. 64.348   B. 61.937   C. 72.812   D. 45

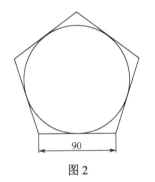

图2

二、多项选择题

1. 在"格式""多线样式"命令对话框中单击"元素特性"按钮，在弹出的对话框中，可以（ 　　 　　 ）

    A. 改变多线的数量和偏移   B. 可以改变多线的颜色
    C. 可以改变多线的线型   D. 可以改变多线的封口方式

2. 在"标注样式"对话框的"圆心标记类型"选项中，所供用户选择的选项包含（ 　　 ）。

    A. 标记   B. 无
    C. 圆弧   D. 直线

3. 在AutoCAD中，可以创建打断的对象有圆、直线、射线和（ 　　 　 ）。

    A. 圆弧   B. 构造线
    C. 样条曲线   D. 多段线

4. 下面关于栅格的说法，正确的有（ 　　 　 ）。

    A. 打开"栅格"模式，可以直观地显示图形的绘制范围和绘图边界
    B. 当捕捉设定的间距与栅格所设定的间距不同时，捕捉也按栅格进行，也就是说，

当两者不匹配时，捕捉点也是栅格点

　　C. 当捕捉设置的间距与栅格相同时，捕捉就可对屏幕上的栅格点进行

　　D. 当栅格过密时，屏幕上将不会显示出栅格，对图形进行局部放大观察时也看不到

5. 在AutoCAD中，系统提供的坐标系统有（　　　　　）。

　　A. 笛卡儿坐标系　　　　　　　　　　B. 世界坐标系

　　C. 用户坐标系　　　　　　　　　　　D. 球坐标系

6. 当图层被锁定时，仍然可以把该图层（　　　　　）。

　　A. 作为创建新的图形对象

　　B. 设置为当前层

　　C. 作为辅助绘图时的捕捉对象

　　D. 作为"修剪"和"延伸"命令的目标对象

7. 使用块的优点有（　　　　　）。

　　A. 建立图形库　　　　　　　　　　　B. 方便修改

　　C. 节约存储空间　　　　　　　　　　D. 节约绘图时间

8. 块的属性的定义包括（　　　　　）。

　　A. 块必须定义属性　　　　　　　　　B. 一个块中最多只能定义一个属性

　　C. 多个块可以共用一个属性　　　　　D. 一个块中可以定义多个属性

9. 编辑块属性的途径有（　　　　　）。

　　A. 单击属性定义进行属性编辑　　　　B. 双击包含属性的块进行属性编辑

　　C. 应用块属性管理器编辑属性　　　　D. 只可以用命令进行编辑属性

10. "多行文字编辑器"对话框包括的选项卡有（　　　　　）。

　　A. 字符　　　　　　　　　　　　　　B. 特性

　　C. 行距　　　　　　　　　　　　　　D. 查找/替换

11. 图形的复制命令主要包括（　　　　　）。

　　A. 直接复制　　　　　　　　　　　　B. 镜像复制

　　C. 阵列复制　　　　　　　　　　　　D. 偏移复制

12. 下面命令可以绘制矩形的有（　　　　　）。

　　A. LINE　　　　　　　　　　　　　　B. PLINE

　　C. RECTANG　　　　　　　　　　　　D. POLYGON

供电系统电气设备安装接线图绘制

项目描述

在企业和居民生活的供配电系统中，作为供配电站的主要设备，高低压电源开关控制柜的使用非常普遍，控制柜中元器件的安装接线，是作为电气专业技术人员应该具备的专业技能。某厂需要进行高低压配电线路的技术改造，为了节省开支，对于某些高（低）压配电柜需要自行安装，你需要设计出设备安装图和主接线图，以便安装人员进行安装。本项目主要介绍供配电系统高低压控制柜设备布置图和主接线图的绘制。

学习任务

任务1 高压开关控制柜设备布置图绘制

任务2 变配电站主接线图绘制

学习目标

1. 了解供配电站知识；
2. 能够正确识读变配电站电气图；
3. 了解开关控制柜的构造及元件安装的方法；
4. 了解变电站电气设备安装与设计规范；
5. 能够熟练掌握软件制图工具的应用；
6. 熟悉电气CAD的制图环境；
7. 能够正确绘制开关控制柜元件布置图；
8. 能够正确绘制供配电系统主接线图。

学习资源

计算机、智能手机、高压开关控制柜、供配电系统设计规范。

学习方法

行动导向学习法、讨论学习法、合作学习法、自由作业法、任务驱动学习法、比较学习法、听讲学习法、跟踪学习法、探索式学习法。

课时安排

建议：24课时。

任务 1 高压开关控制柜设备布置图绘制

一、任务介绍

在供配电站中，有多种不同功能控制的高低压控制柜。现在的任务是根据实际供配电站中使用的高压控制柜，绘制供配电系统中高压控制元器件平面布置图。通过学习相关知识，应用 CAD 软件绘制图形，并且按照实际尺寸来标注图形尺寸。

二、任务分析

绘制开关柜的设备平面布置图，我们要了解该控制柜中元器件的布置形式、安装方式、尺寸和位置，还要测量开孔尺寸、各元器件之间的距离。在绘制过程中，如何灵活运用绘图工具，可通过查阅相关的资料进行自主学习。

三、知识点导航

（一）变配电站知识

1. 变配电站的结构

按整体型式分为屋内式、屋外式和组合式。

屋内式：由高压配电室、变压器室、低压配电室、高压电容器室和值班室组成。适应于市内居民密集区、化学工厂及其他空气污秽地区的变配电所，电压一般不超过 110kV。

屋外式：除仪表、继电器、直流电源等设备放在室内，变压器、开关等主要设备均放在屋外。我国大多数电压较高的变配电所均为屋外。

组合式：由高压开关柜、干式或非燃性变压器和低压配电屏结合在一起的一种组合式电气装置。具有安全可靠、防火防爆、噪声小、维护简单等优点。这种形式是变配电所的发展方向。

2. 高压开关柜

高压开关柜是将线路中一、二次设备组装在一起的一种高压成套配电装置。在供配电系统中，作为控制和保护发电机、变压器和高压线路之用，也作为大型高压交流电动机的启动和保护之用。

高压开关柜有手推式和固定式两大类。手推式高压开关柜的主要电气设备装在手车上。固定式高压开关柜在一般中小型工厂中被广泛使用，固定安装在指定位置使用。

如图 5-1-1 所示为变配电站中高压开关控制柜。安装在高压开关控制柜中的主要设备有开关设备、保护电器、监测仪表、连接线和绝缘子等。要对高压开关控制柜中的设备进行安装及接线，就要掌握各设备的安装方式和位置，识读电气图。为了安装接线需要，应绘制高压开关控制柜中设备元件安装布置图、屏背安装接线图和设备主接线图等相关图形。

图 5-1-1　高压开关柜

（二）图形绘制知识

（1）电气图面的构成：边框线、图框线、标题栏、会签栏。

（2）幅面及尺寸：边框线围成的图面及图纸的幅面。

① 选择幅面尺寸的基本前提：保证幅面布局紧凑、清晰和使用方便。

② 幅面选择考虑因素：

● 所设计对象的规模和复杂程度；

● 由简图种类所确定的资料的详细程度；

● 尽量选用较小幅面；

● 便于图纸的装订和管理；

● 复印和缩微的要求；

● 计算机辅助设计的要求。

（3）标题栏：用以确定图样名称、图号、张次、更改和有关人员签名等内容的栏目，相当于图样的"铭牌"。标题栏的位置一般在图纸的右下方或下方。标题栏中的文字方向为看图方向，会签栏是供各相关专业的设计人员会审图样时签名和标注日期用。

（4）图样编号由图号和检索号两部分组成。

（5）图幅的区分：

在图的边框处，竖边方向用大写拉丁字母，横边方向用阿拉伯数字。编号的顺序从标题栏相对的左上角开始，区分的代号为字母+数字。

（三）尺寸标注（样式设置）

在本任务中，涉及较多的尺寸标注，现介绍"AutoCAD 2014"二维绘图的尺寸标注样式设置及标注方法。

1. 设置尺寸样式

系统默认名称为"standard"的尺寸标注样式。在进行尺寸标注之前，用户可根据需要新建（或修改）尺寸标注的样式。

标注样式管理器调用方法主要有三种：

（1）在命令行（如图 5-1-2 所示线框处）中输入"dimstyle"命令，按下"Enter"键，弹出如图 5-1-3 所示为"标注样式管理器"对话框。

图 5-1-2　"命令行"

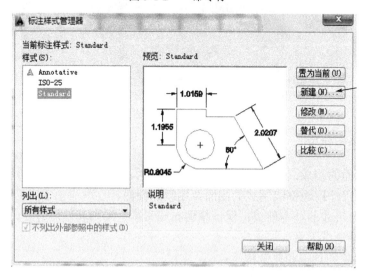

图 5-1-3　"标注样式管理器"对话框

（2）用鼠标左键单击"标注"工具栏中图标 标注样式按钮，弹出如图 5-1-3 所示对话框。

（3）选择菜单栏中"标注/标注样式"（如图 5-1-4 所示线框处），弹出如图 5-1-3 所示对话框。

图 5-1-4　菜单栏

系统弹出"标注样式管理器"对话框后，可以新建标注样式、修改已有样式、选择或删除已有样式等。

根据实际需要，如果需要新建样式，鼠标单击"标注样式管理器"对话框中"新建（N）"按钮后，出现如图 5-1-5 所示的"创建新标注样式"对话框，可输入新建样式名称，单击"继续"按钮，出现如图 5-1-6 所示对话框。

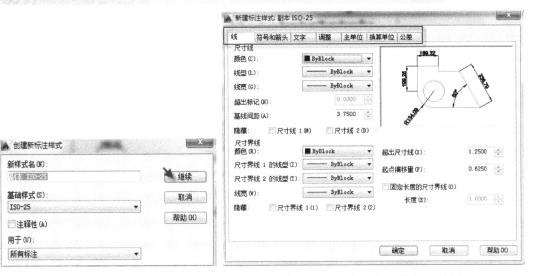

图 5-1-5　"创建新标注样式"对话框　　　　图 5-1-6　"新建标注样式"对话框

　　在图 5-1-6 所示对话框中的上部分有 7 个选项。其中"线"选项可对尺寸线、尺寸界线的形式等参数进行设置。还有"符号和箭头""文字""调整""主单位""换算单位""公差"选项，可进行相应的设置。如图 5-1-7 所示"文字"选项，可设置文字外观：样式、颜色、填充颜色、文字高度、分数高度比例，还可勾选是否绘制文字边框，以及文字位置和文字对齐形式的设置。

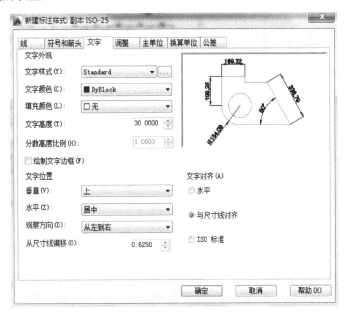

图 5-1-7　"文字"对话框

2. 尺寸标注

　　使用鼠标单击菜单栏中的"标注"命令。出现其下拉菜单，如图 5-1-8 所示。

　　实际绘图过程中，需要应用不同的标注命令，对图形中的角度大小、直线长度、圆的半径或直径等进行标注。如图 5-1-9 所示，所应用的命令有"线性""对齐""半径""角度"等。

图 5-1-8　"标注"下拉菜单

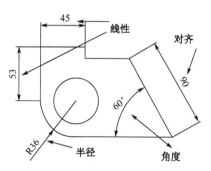

图 5-1-9　尺寸标注图形

在使用"线性"命令时，用鼠标选择菜单栏中的"标注/线性"，执行命令后，通过"对象捕捉"使用光标选择要标注的对象或尺寸界线的起始点。标注完成，就会显示该对象标注在绘制时的相应尺寸，如图 5-1-10 所示，通过鼠标双击尺寸文字，可以对其进行修改，如图 5-1-11 所示。也可对尺寸文本的样式、字体大小、倾斜角度等进行修改。

根据上述"线性"命令的方法，在需要对角度、弧长、圆半径等进行标注时，在执行相应命令后，通过光标选择需要标注的对象，每执行一次命令，只能进行一次标注，如需进行再次标注，需重复执行相应的命令，这样操作的工作效率相对较低，为了提高工作效率，可应用"快速标注"命令，选择命令按钮" 快速标注 "并执行，根据系统光标提示可同时选择多个对象，选择完毕按下"Enter"键或单击鼠标右键确认就可以进行标注。

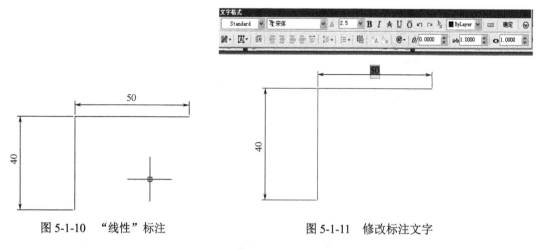

图 5-1-10　"线性"标注

图 5-1-11　修改标注文字

（四）绘图实例

如图 5-1-12（a）所示为某变电所高压柜实物图，图 5-1-12（b）所示为其对应的元件安装布置图。要绘制布置图，首先要结合实际情况事先设计好元件的安装位置，明确使用柜体的尺寸大小。以图 5-1-12（b）为例，绘制该图形时，首先要将图形进行分解，掌握不同图形的画法。具体为：首先设计图纸布局，确定各元件的实际位置，然后对应着元件的位置标注相应的文字符号以及元件的安装开孔尺寸。元件布置图的绘制，涉及现场实际测量每个元件的尺寸大小和元件间的安装距离。

图 5-1-12 （a）高压开关控制柜实物图

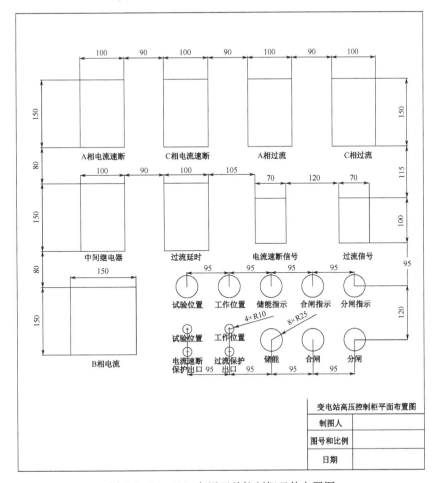

图 5-1-12 （b）高压开关控制柜元件布置图

绘制如图 5-1-12（b）所示高压开关控制柜平面元件布置图的操作步骤如下：

1. 设置绘图环境

（1）打开 AutoCAD 2014 应用程序，建立新文件并命名。

（2）设置图层。单击"图层"工具栏中的"图层管理器"按钮，设置"绘图层""尺寸标注""基准线""线框"4 个图层，如图 5-1-13 所示。

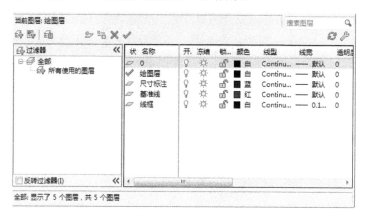

图 5-1-13　设置图层

2. 图纸布局

（1）将"绘图层"设置为当前层。

① 单击"绘图"工具栏中的"矩形"按钮，绘制宽 100，高 150 的矩形。

② 在正交模式下用光标选择已绘制的矩形，单击"修改"工具栏中的"复制"按钮（或使用"矩形阵列"命令），根据系统提示，单击矩形的右边作为基点，向右移动光标，先后输入数字"190"按一下"Enter"键，再输入数字"380"按一下"Enter"键，再输入数字"570"按一下"Enter"键后退出。

（2）改变图层，将"基准线"设置为当前层。

（3）绘制基准线。

① 单击"绘图"工具栏中的"直线"按钮，在正交模式下，打开中点捕捉，移动光标至第 3 个矩形的上边，当出现中点捕捉点时，单击鼠标左键，向下移动光标并输入数字 800 后按一下"Enter"键，绘制垂直长度为 800 的直线。

② 单击"修改"工具栏中的"偏移"按钮，根据系统提示，将直线向右偏移 190 的距离，得到如图 5-1-14 所示的图形。

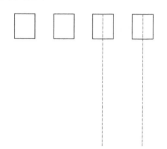

图 5-1-14　"偏移"命令绘制

　　③ 单击"绘图"工具栏中的"直线"按钮 ，在正交模式下，移动光标至最右边矩形的右下角并出现捕捉点时，单击鼠标左键，向左移动光标并输入数字 800 后按一下"Enter"键，完成水平直线的绘制。

　　④ 选择水平直线，单击"修改"工具栏中的"复制"按钮 ，根据系统提示，单击水平直线左端作为基点，向下移动光标，先后输入数字 310 按一下"Enter"键，再输入数字 430 按一下"Enter"键后退出。

　　⑤ 选择第一条绘制的水平直线并删除，得到如图 5-1-15 所示的修改图形。

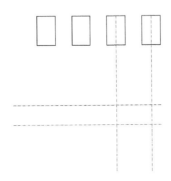

图 5-1-15　修改图形

　　（4）重新设置"绘图层"为当前层。

　　（5）平面矩形元器件开孔位置的绘制。

　　① 框选已绘制的 4 个矩形，应用"复制"按钮，选择矩形的下边作为基点，向下移动光标，先后输入数字 230 按一下"Enter"键，再输入数字 460 按一下"Enter"键后退出。

　　② 选择不需要的对象，单击"修改"工具栏中的"删除"按钮 ，对选择对象进行删除。

　　③ 调整元件图形的尺寸。如图 5-1-16 所示，选择需调整的矩形，单击各边的中心位置，上下垂直或左右水平移动光标，输入相应的数值来确定拉伸的距离。

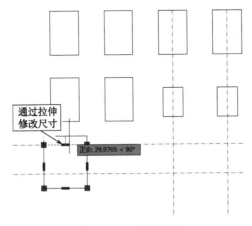

图 5-1-16　拉伸图形

　　（6）绘制圆孔。

　　① 单击"绘图"工具栏中的"圆"按钮 ，以基准线交点为圆心单击，移动光标并

输入数字 25 后按一下"Enter"键，完成半径为 25 的圆的绘制。

② 如上述方法，应用"复制"命令，选择第一个绘制的圆为对象，复制对象。

③ 需对指定圆对象进行尺寸修改，选择对象，移动光标，输入修改的圆半径数值后按一下"Enter"键，完成修改。完成本步骤后得到如图 5-1-17 所示的图形。

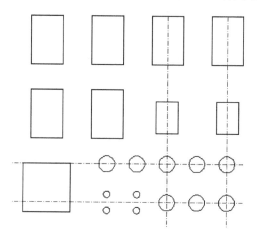

图 5-1-17　元件平面布置图

3. 尺寸标注

（1）将图层"标注尺寸"设置为当前层。

（2）设置尺寸样式。系统使用默认的名称为 standard 的样式。根据需要，也可以修改标注样式。

（3）尺寸标注。要对圆的半径或直径、各元件的大小尺寸、元件之间的距离进行尺寸标注，要使用"标注/线性"命令和"标注/半径"命令。

4. 添加注释文字

（1）创建文字样式。选择菜单栏的"格式"→"文字样式"，弹出"文字样式"对话框，新建文字样式，如图 5-1-18 所示。

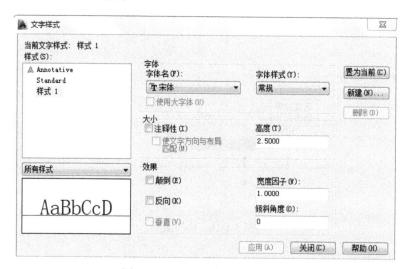

图 5-1-18　"文字样式"对话框

（2）添加注释文字。单击"绘图"工具栏中的按钮A¦，一次输入一行或多行文字，调整文字位置，以对齐文字。

（3）使用鼠标双击文字可进行文字修改。

5. 绘制图框

在整个图纸绘制完成后，可在图纸边缘自行绘制图框。首先选择当前图层为"线框"，以 ISO A0 纸尺寸绘制矩形，绘制完成后可根据需要在右下角位置绘制标题栏。标题栏如图 5-1-19 所示。

变电站高压控制柜屏面布置图	
制图人	
图号和比例	
日期	

图 5-1-19　标题栏

最后对图形进行简单的修改，将绘制基准线删除，就得到了图 5-1-12（b）所示的图形。

四、任务实施

活动 1　任务准备

根据任务需要，准备相应的测量工具，如图 5-1-20 所示的卷尺和图 5-1-21 所示的直尺，以及照相设备（手机或数码相机）。目的是对实物进行尺寸测量和拍照记录。

图 5-1-20　卷尺

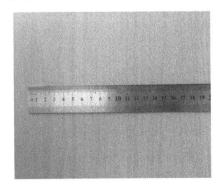

图 5-1-21　直尺

活动 2　任务实施过程

（1）分小组讨论，制订任务实施方案。

（2）获取资料信息。

① 利用测量工具对供配电实训室中高低压控制柜的尺寸进行实地测量，并在表 5-1-1 中做好相应记录。

表 5-1-1　测量记录表

高压柜				低压柜			
序号	名称	数量尺寸	备注	序号	名称	数量尺寸	备注

② 每一个柜体表面使用的元件数量及尺寸大小、元器件间的距离、安装位置都应进行实地测量并记录在表 5-1-2 中（可自行制作副表）。

表 5-1-2　测量记录表

高压进线柜				高压出线柜			
序号	元件名称	数量尺寸	备注	序号	元件名称	数量尺寸	备注

② 在进行测量记录完成后，利用照相设备对现场设备进行拍照记录，对照片进行重命名，与记录表相对应。如图 5-1-22 所示为现场Ⅱ段高压进线柜。

图 5-1-22　Ⅱ段高压进线柜

（3）绘制柜面元器件布置图。（根据上述举例的绘图步骤进行图形绘制）

活动 3　**任务总结**

（1）总结经验与交流。

（2）收获心得体会。

任务 **2** 变配电站主接线图绘制

一、任务介绍

变配电站的主接线是将变压器、开关电器、互感器、母线等，按一定顺序连接起来的总线路。在实际应用中需要借助电气图对系统进行分析和设备安装，电气图的设计与绘制。本任务主要学习变配电站电气主接线图的绘制。

二、任务分析

供配电站主要电气图分为一次回路和二次回路电路图。要完成本任务，必须学会如何正确识读电气图，要学习掌握图形的构成，图中的图形符号和文字符号的含义，以及读图的方式。在能够正确识读电气主接线图的基础上，掌握变配电站主接线图的绘制。

三、知识点导航

（一）电气图分类

根据电气图所表示的电气设备、内容及表达形式的不同，通常分为以下几类。

（1）电气原理图：是按工作顺序用图形符号和文字符号的组合，从上而下、从左至右排列。详细表示设备组成和连接关系，而不考虑实际使用位置的图形。

（2）接线图：主要用于表示电气装置内部元件之间及外部装置之间的连接关系的图形。它便于专业技术人员维修和安装线路。

（3）系统图或框图：用符号或带注释的框概略表示系统的基本组成、相互关系、设备连接顺序。

（4）电气平面图：是表示电气设备和线路的平面布置图。

（5）设备布置图：是表示各种电气设备和装置的布置形式、安装方式以及相互之间的尺寸关系。

（二）企业供配电站的常见主接线

1. 线路-变压器组单元接线

在企业变电站中，当只有一条电源进线和一台变压器时，可采用线路-变压器组单元接线。如图 5-2-1 所示，其表示 10kV 高压电源在经过高压隔离开关和断路器后经变压器变换为 220/380V 电压，有 4 路电源输出。

2. 单母线接线

单母线接线分为不分段接线（图 5-2-2）和分段接线（图 5-2-3）两种。

3. 双母线接线

双母线接线互为备用，具有较高的可靠性和灵活性。

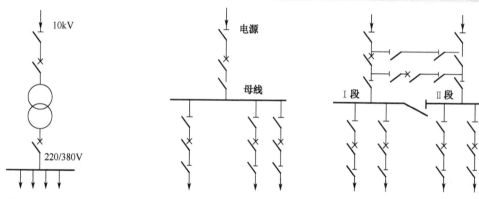

图 5-2-1　单台变压器变电站主接线　　图 5-2-2　单母线不分段接线　　图 5-2-3　单母线分段接线

4. 桥式接线

对于具有两条电源进线、两台变压器的总降压变电站，可采用桥式接线。其特点是在两条电源进线之间有一条跨接的"桥"。根据跨接桥横跨位置的不同，又可分为内桥式接线和外桥式接线。

（三）主接线图绘制实例

1. 绘图要求

电气主接线应按国家标准的图像符号和文字符号绘制。表 5-2-1 为供配电系统中部分主要设备的图形符号和文字符号。为了阅读方便，常在图纸上标明主要电气设备的型号和技术参数。

表 5-2-1　供配电系统部分主要设备图形符号和文字符号

序号	名称	图形符号	文字符号	序号	名称	图形符号	文字符号
1	变压器		T	10	输电线路		WL
2	双绕组电压互感器		TV	11	电缆终端头		W
3	三绕组电压互感器		TV	12	接地		PE
4	电流互感器		TA	13	断路器		QF
5	避雷器		F	14	隔离开关		QS
6	母线		WB	15	跌落式熔断器		FF

2. 电气图的特点

电气图表示系统或装置中的电气关系。所以具有清晰、简洁、独特性、多样性、规范合理布局等特点。

电气图是用符号、连线、简化外形来表示系统或设备中各组成部分之间相互电气关系及其连接的一种图。

在绘图时没有必要绘制出电气元件的外形结构，元器件均采用图形符号和文字符号表示。在布局上，可依据图所表达的内容而定，电路图、系统图是按功能布局，只考虑便于读图分析，而不考虑元器件的实际位置，要突出工作原理和操作过程，按照元器件动作顺序和功能，从上而下、从左至右布局。而对于接线图、平面布置图，则要考虑元件的实际位置，所以应按位置布局。

3. 绘制变电站主接线的思路

首先设计图纸布局，确定各主要设备元件在图中的位置，然后分别绘制各种电气符号，最后把绘制好的电气符号插入到布局图的相应位置。

图 5-2-4 为某企业供配电系统中高压配电站部分主接线图，绘图步骤介绍如下：

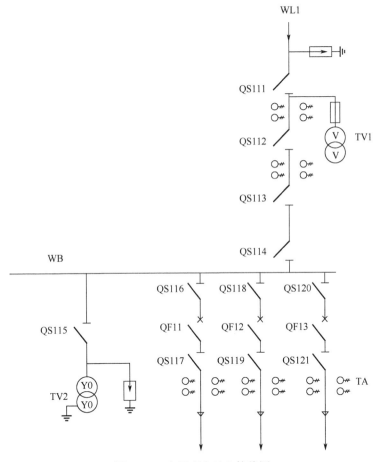

图 5-2-4　高压配电站主接线图

（1）设置绘图环境。

① 打开 AutoCAD 2014 应用程序，新建文件，可套用模板或直接绘制 A4（210×297）尺寸大小的矩形，在矩形内绘制图形。

② 设置图层。设置 3 个图层，分别命名为"绘图""图框""母线"。"母线"层可设置线宽为 0.3mm，如图 5-2-5 所示。

图 5-2-5　图层设置

（2）图纸布局。

① 将"母线"图层设置为当前图层。

② 绘制母线。应用"直线" ✎ 工具，绘制水平长度为 150mm 的直线。

（3）绘制图形符号。

将图形进行分解，对图中各设备的图形符号进行单个绘制。将"绘图"图层设置为当前图层。

① 绘制避雷器

a."正交模式"下绘制三角形，单击按钮◯，输入数字"3"按"Enter"键绘制内切于圆，半径为 5 的三角形，可通过"修改"工具栏中"旋转"工具改变三角形的位置。

b. 单击"绘图"工具栏中的"直线"按钮✎，以三角形的下角为捕捉点绘制竖线，如图 5-2-6（a）所示。

c. 单击修改工具栏中的"打断"按钮▢，选择三角形左右两个角打断。单击"偏移"按钮，将三角形上边向下偏移 2，重复操作一次后退出，得到如图 5-2-6（b）所示图形。

d. 修剪图形。单击"修改"工具栏中的"修剪"按钮✄，选择要修剪的对象，然后按下鼠标右键，这时通过鼠标左键单击需要修剪的对象，可对图形进行修剪，修剪完成退出命令（如还需删除多余对象，直接使用光标选择并删除即可）得到如图 5-2-6（c）所示图形。

e. 单击"绘图"工具栏中的"矩形"按钮▢，在竖线上方向下绘制矩形。单击按钮◯，正交模式下，在矩形内竖线上绘制三角形，选择三角形后，单击左角或右角，可对其进行拉伸修整。

f. 对三角形进行黑色填充。单击"绘图"工具栏中的"图案填充"按钮▨，弹出的对话框如图 5-2-7（a）所示，在对话框中单击"添加：选择对象"按钮（图 5-2-7（a）中线框标记位置），这时对话框隐藏，根据系统提示，选择三角形作为填充对象后按下"Enter"键，然后，再次弹出"图案填充和渐变色"对话框，如图 5-2-7（b）所示。在对话框中可选择填充图案样式和颜色（可在颜色下拉菜单中选择），单击"填充图案选项"按钮，弹出的对话框如图 5-2-8 所示，选择"SOLID"然后单击"确定"按钮，回到"图案填充和渐变色"对话框，单击"确定"按钮后，得到如图 5-2-6（d）所示图形。

g. 使用"修改"工具栏中的"修剪"工具，再次对图形进行修剪，完成避雷器图形符号的绘制，如图 5-2-6（e）所示。

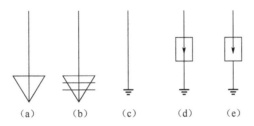

图 5-2-6　避雷器图形符号

（a）

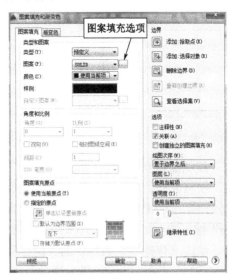

（b）

图 5-2-7　"图案填充和渐变色"对话框

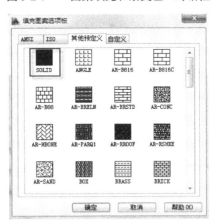

图 5-2-8　"填充图案选项板"对话框

② 绘制隔离开关

a．绘制 4 根直线。单击"绘图"工具栏中的"构造线"按钮 ，再单击按钮 ，打开正交模式。在绘图区绘制一根竖线后，关闭正交模式。继续绘制三根与第一根竖线成一定角度的直线，这三根新绘制的直线位置分别在交点上方，左边两根，右边一根，如图 5-2-9

（a）所示。

b．绘制 3 根水平直线。单击"绘图"工具栏中的"直线"按钮，打开正交模式，在交点上方相应位置绘制 2 根直线，下方相应位置绘制一根直线，共 3 根水平直线，并与之前绘制的 4 根直线相交，如图 5-2-9（b）所示。

c．修剪图形。单击"修改"工具栏中的"修剪"按钮，选择修剪对象，然后按下鼠标右键（或"Enter"键），对图形进行修剪，完成后得到如图 5-2-9（c）所示的图形。

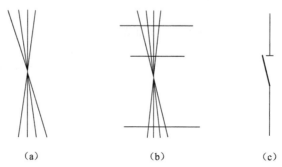

（a）　　　　　（b）　　　　　（c）

图 5-2-9　隔离开关图形符号

③ 绘制断路器

a．在隔离开关图形符号的基础上，单击"修改"工具栏中的"旋转"按钮，选择图中的水平线，并以水平线和竖线的交点为基点，单击基点并输入旋转角度"45"后按下"Enter"键，得到如图 5-2-10（a）所示图形。

b．单击"修改"工具栏中的"镜像"按钮，选择上一步骤旋转的直线为对象，单击鼠标右键（或按"Enter"键）确认。根据系统提示，以水平线和竖线的交点为第一点，单击鼠标，移动光标后出现镜像图形，然后单击鼠标右键选择，得到如图 5-2-10（b）所示断路器图形符号。

（a）　　　（b）

图 5-2-10　断路器图形符号

④ 绘制电流互感器

a．单击"绘图"工具栏中的"直线"按钮，打开正交模式绘制一条垂直线。

b．单击"绘图"工具栏中的"圆"按钮，以直线上的一点为圆心，绘制半径为 1mm 的圆。

c．单击"绘图"工具栏中的"直线"按钮，在最右侧的圆弧上单击，作为直线的第一点，向右移动光标，输入数字"2"，绘制长为 2mm 的水平直线。

d．重复"直线"命令，关闭正交模式，在刚才绘制的水平直线下方大约 0.5mm 位置，单击，绘制直线的第一点，然后向右上方移动光标，输入数字"1"后，按下键盘的"Tab"

键，再次输入数字"70"然后按"Enter"键，绘制一条与水平直线相交的斜线。使用"移动"命令可调整斜线的位置，得到如图5-2-11（a）所示图形。

⑤ 再次开启正交模式，单击"修改"工具栏中的"复制"按钮🖳，选择斜线为对象，单击斜线上端点作为基点，向右移动光标，输入数字"0.5"后按"Enter"键，完成斜线的复制。采用相同的方法，将除垂直线以外的所有对象进行选择，以最下端圆弧为基点并单击，向下移动光标，复制的图形随之移动到相应位置后单击鼠标左键，完成复制，退出命令，得到如图5-2-11（b）所示图形。

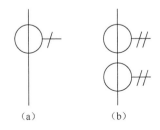

（a）　　　　　（b）

图 5-2-11　电流互感器图形符号

⑤ 绘制熔断器和电压互感器

a．单击"绘图"工具栏中的"矩形"按钮▢，绘制宽为2mm，高为4mm的矩形。

b．打开"对象捕捉"中的"中点捕捉"，单击"绘图"工具栏中的"直线"按钮╱，绘制直线穿过矩形的上下两条边，如图5-2-12所示。

c．单击"绘图"工具栏中的"圆"按钮⊙，绘制半径为2的圆。

d．开启正交模式，单击"修改"工具栏中的"复制"按钮🖳，选择圆作为复制对象并确认，向下移动光标，输入数字"3"，按"Enter"键，退出命令，完成复制。

e．单击"修改"工具栏中的"移动"按钮✥，将图形进行组合，如图5-2-13所示。

图 5-2-12　熔断器图形符号　　　　图 5-2-13　熔断器与电压互感器组合图形符号

（4）组合绘制好的图形符号

根据上述步骤绘制好的图形符号，通过移动组合，放置到相应的位置并进行修改，就可以得到局部图形，如图5-2-14所示。

（5）添加注释文字

① 单击窗口上方的"文字样式"按钮，弹出"文字样式"对话框，创建一个样式名为"注释"的文字样式，如图5-2-15所示。

② 单击"绘图"工具栏中的"多行文字"按钮Ａ，单击绘图区相应的位置，输入相应的文字。

③ 根据需要，可使用"复制""移动"等命令来复制文字及调整相应位置。

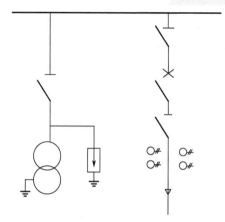

图 5-2-14　局部接线图

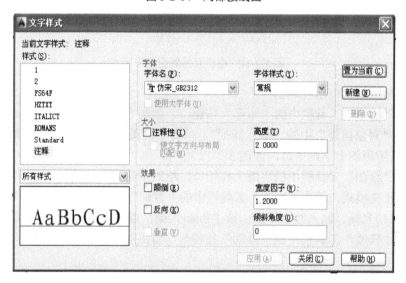

图 5-2-15　"文字样式"对话框

（6）绘制标题栏。

标题栏可以根据需要进行绘制。

四、任务实施

　　活动 1　列出变配电站主接线主要设备

　　为了能更好地完成任务，要求掌握变配电站主接线的定义，主接线图中所涉及的设备符号、名称及型号含义，主接线图的结构组成，绘图的规范等。以上内容，可以通过查阅相关资料进行学习。

　　请在下列表格中列出变配电站主接线图中主要设备的名称、符号、功能作用。

序号	名称	符号	功能作用

活动2　识读变配电站主接线图

了解图形的构成，掌握读图的方式方法，对图中设备型号的含义要了解。

请写出下列设备型号的含义。

电力变压器型号：SL7-800/10

高压熔断器型号：RW4-10G/100

高压隔离开关型号：GN8-10T/600

高压断路器型号：SN10-10

活动3　变配电站主接线图的绘制

请用 AutoCAD 2014 绘制如图 5-2-16 所示的主接线图。

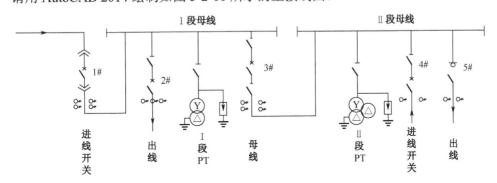

图 5-2-16　某变配电站主接线图

五、项目评价

1．每组选派一名代表以 PPT、录像或影片的形式向全班展示、汇报学习成果。

2．在每位代表展示结束后，其他每组请选派一名代表进行简要点评。

学生代表点评记录：_____

_____

_____

3．项目评价

项目评价表

评价内容	评价对象	配分	评分标准	得分
专业能力	任务1 高压开关控制柜设备布置图绘制	40	正确使用工具及获取信息（10分）；绘图完整（10分）；尺寸设置及标注正确（10分）；人员设备安全（5分）；遵守纪律，积极合作（5分）。任务未完成，此项不得分。	
	任务2 变配电站主接线图绘制	40	查阅资料获取相关知识（10分）；绘图完整（10分）；设备图形符号绘制规范（10分）；人员设备安全（5分）；遵守纪律，积极合作（5分）。任务未完成，此项不得分。	
方法能力	任务实施工作过程	10	信息收集和筛选能力、制定工作计划、独立决策、自我评价和接受他人评价的承受能力、计算机应用能力。根据任务1～2工作过程表现评分。	
社会能力	任务实施工作过程	10	团队协作能力、沟通能力、对环境的适应能力、心理承受能力。根据任务1～2工作过程表现评分。	
总得分				

4．指导老师总结与点评记录：

_____

_____

_____

_____

_____

_____

5．学习总结：

_____

_____

_____

_____

_____

项目五习题

1．简述高压开关控制柜的作用，开关柜的"五防"措施是指什么？

2．电压互感器与变压器有什么不同？电压互感器常用的接线方式有哪几种？

3．简述 AutoCAD 尺寸标注样式的设置和尺寸标注的方法。

4．简述供配电系统主接线图的组成。

5．简述绘制供配电系统主接线图的步骤。

项目六

家居照明系统电气图绘制

项目描述

随着时代的发展和科学技术的进步，人们不再因为自然光源的问题过着"日出而作，日落而息"的生活。电能的发现与发展就如现代文明历史长河中一颗璀璨的明珠，点亮了整个世界。而夜晚绚丽的灯光不仅为我们提供了光明，也温暖着每个夜归人。因此，无论是工作、学习或者是生活，照明都是不可或缺的部分。

本项目主要介绍家居照明系统，即家庭日常生活场所照明系统相关电气图纸的识读与绘制。虽然是照明系统，但是因为日常生活中，除了需要灯具提供照明外，还需要用到诸如电饭锅、电风扇、电视机等家用电器。尽管这些电器的功能不是提供照明，但是因为其配电线路功率一般不大，为了方便施工，一般将其配电线路，即插座线路归纳到照明系统中。

学习任务

任务1　照明系统图的识读与绘制
任务2　建筑照明平面图的识读与绘制

学习目标

1. 熟悉建筑电气设备安装与设计规范；
2. 熟悉电气 CAD 的制图环境；
3. 能正确识读照明系统图；
4. 能正确识读照明平面图；
5. 掌握建筑电气常用电气元件的绘制方法及技巧；
6. 掌握建筑平面图的绘制方法及技巧；
7. 掌握建筑照明平面图绘制的方法及技巧；
8. 学会通过使用图书馆、网络等途径筛选及获取知识。

学习资源

计算机、智能手机、民用建筑设计安装规范及标准图集、国家资源库。

学习方法

行动导向学习法、讨论学习法、合作学习法、自由作业法、4 阶段学习法、任务驱动学习法、比较学习法、听讲学习法、跟踪学习法、探索式学习法。

课时安排

建议：36 课时。

任务 1 照明系统图的识读与绘制

一、任务介绍

什么是照明系统图？它在实际工程中有什么作用?如何去识读和绘制照明系统图？这些都是本任务需要学习和解决的问题。你现在的任务是绘制某给定的两室两厅照明系统图。

二、任务分析

在家居水电施工中，照明系统是重要的一个环节。如何按设计要求规范地布置和安装相应线路，首先要学会如何去识读相应图纸。因此，本任务首先应学习如何去"看图"，在正确识读系统图的基础下，学会绘制规范的照明系统图。在学习过程中，除了参考本书的知识点导航，还需要掌握使用网络、图书馆等资源进行自主学习，解决实际问题。

三、知识点导航

（一）照明系统配电知识

在照明配电线路中，主要通过开关、导线和插座等器件将电能分配与传输。

在家居照明系统中，由于配电线路较短，负载相对要小，因此使用的电气元件都是些小型元件，现就民用建筑电气系统中常用的低压元件进行简单说明。

1. 低压配电元件

（1）微型断路器

电路符号：

型号规格：A-B/C

其中：A——系列名称；

　　　　B——额定电流；

　　　　C——同时可合、断极数。

例如，C65N-30A/2P

其中，C65N——系列名称；

　　　　30A——断路器的额定电流；

2P——可同时切断两个极。

目前市场上常见的有施耐德的 CN、DPN 系列及德力西 DZ、CD、CDM 系列。

功能作用：能带负载分断、合闸配电线路，能在配电线路产生过电流、过载、短路等故障时即时切断电源，以保护电气设备及线路安全。

工程图中表示方法：在工程图中，不仅要绘制出其电路符号，还要将其型号、规格和极数等标示清楚，以便于施工时正确选配元件。

（2）微型隔离开关

电路符号：

功能作用：接通和分断电路用，只是不能带负载操作，即只可空载分合闸。常用作电路检修时分闸设置线路明显断点，保护检修人员安全。

（3）微型负荷开关

电路符号：

功能作用：接通和分断电路用，可以带小负荷分合线路。

（4）漏电保护开关

电路符号：

型号规格：A-B/C-D

其中：A——系列名称；

　　　B——额定电流；

　　　C——同时可合、断极数；

　　　D——剩余动作电流。

例如，DPN vigi-20A/2P-30mA

其中，DPN vigi——系列名称；

　　　20A——断路器的额定电流；

　　　2P——开关能同时切断两个极；

　　　30mA——漏电电流达到这个数值自动断电。

功能作用：能带负载分断、合闸配电线路，能在配电线路产生过电流、过载、短路、漏电时即时切断电源，以保护人身、电气设备及线路安全。在实际工程中，插座回路及潮湿环境下需要设置漏电保护开关，家用小型漏电开关的漏电动作电流一般有 10mA、20mA、30mA 三种。

工程图中表示方法：在工程图中，不仅要绘制出其电路符号，还要将其型号、规格和极数等标示清楚，以便于施工时正确选配元件，如图 6-1-1 所示。

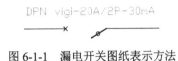

图 6-1-1　漏电开关图纸表示方法

（5）配电线材

民用建筑配电线路常用线材见表 6-1-1。

表 6-1-1　民用建筑配电线路常用线材分类

分类	名称	绝缘类型	常用系列	备注
电线类	硬电线	聚氯乙烯绝缘	BV	铜芯系列
			BLV	L 为铝芯系列
		橡皮绝缘	BX	
	软电线	聚氯乙烯绝缘	BVR	
		橡皮绝缘	BXR	
电缆类	室内电缆	聚氯乙烯绝缘	VV	
		交联聚乙烯绝缘	VJV	
	室外电缆	聚氯乙烯绝缘	VV_{22}	下标 22 指的是钢带铠装
		交联聚乙烯绝缘	YJV_{22}	
	阻燃电缆	阻燃型	$ZR\text{-}VV_{22}$	
	耐火电缆	耐火型	$NH\text{-}VV_{22}$	

导线规格表示方法：

A-B×C

其中：A——导线绝缘及芯线材料；

　　　B——导线芯线数量；

　　　C——导线芯线截面积，单位 mm^2。

例如，BV—2×4 mm^2

其中：BV——聚氯乙烯铜芯线；

　　　2——两根芯线；

　　　4 mm^2——芯线截面积。

其中导线一个重要的参数是导体芯线的截面积，它决定了导线的载流能力，常用的导线芯线截面积有 1.0 mm^2，1.5 mm^2，2.5mm^2，4mm^2，6mm^2，10 mm^2，16 mm^2 等。

（6）配线管材

为了防止导线受到腐蚀及机械损伤，一般在电线电缆敷设时，把绝缘导线穿入保护管内敷设，称为线管配线。这种配线方式不仅安全可靠，更换导线也较方便，因此大量用在各个领域的配线中。

常见的配电管材按材料分有如下几种：

① PVC 管。PVC 管，也称塑料线管，图纸中符号为 PC。其不仅能防腐蚀、防损伤，还能防潮防漏电。因此，PVC 管材常用在民用建筑的配电线路敷设中。

② 钢管。钢管除了防腐蚀、防损伤外，还可以阻燃防爆。因此一般应用于易燃、易爆的场所，如蓄电池间、仓库等。其在工程图纸中的符号为 SC。

③ 金属软管。金属软管是一种具有一定柔软性的配线管材，它有一定的伸缩性，因此，一般用在有震动和热膨胀的场所，如电机引出线的配管保护。其在工程图纸中的符号为 CP。

各种配管的规格一般按管径区分，家居配电中常用的线管有 ϕ16mm、ϕ20 mm、ϕ25 mm、ϕ32 mm 等几种。考虑到导线的散热，穿线管选用时，导线填充率要小于 40%，即穿管电线的总截面（包括绝缘层）不超过管材内截面的 40%。

（7）线路敷设部位

线路敷设部位及图纸中的代号见表 6-1-2。

表 6-1-2　线路敷设部位及图纸中的代号

序号	表达内容	英文代号（新）	拼音代号（旧）
1	沿地暗敷设	FC	DA
2	沿墙暗敷设	WC	QA
3	沿墙明敷设	WE	QM
4	沿棚暗敷设	CC	PA
5	沿棚明敷设	CE	PM
6	沿柱暗敷设	CLC	ZA
7	沿柱明敷设	CLE	ZM
8	沿梁暗敷设	BC	LA
9	沿梁明敷设	BE	LM
10	沿不进人吊顶内敷设	AC	PNA
11	沿可进人吊顶内敷设	ACE	PNM
12	沿钢索敷设	SR 或 M	S

（8）线路敷设方式

线路敷设方式及图纸中的代号见表 6-1-3。

表 6-1-3　线路敷设方式及图纸中的代号

序号	表达内容	英文代号（新）	拼音代号（旧）
1	用镀锌钢管	SC 或 S	G
2	用薄壁金属电线管	TC 或 MT	DG
3	用硬质塑料管	PC 或 P	VG
4	用软质塑料管	FPC	RVG
5	用金属电缆桥架	CT	
6	用金属蛇皮管（软管）	CP 或 FMC	
7	用金属线槽（槽板）	SR	GC
8	用塑料线槽（槽板）	PR	XC
9	用塑料线夹	PCL	VT
10	用瓷夹	PL	CJ
11	用瓷瓶	K	CP

（9）图纸中线路的标注格式：A-B-C×D-E-F

　　A——回路编号；

　　B——导线型号；

　　C——导线根数；

　　D——导线截面；

　　E——导线敷设穿管材料及管径；

　　F——敷设部位。

例如：WX1- BV 2×2.5+PE2.5-PC20-FC

其中：N1——表示导线的回路编号；

　　　BV——导线为聚氯乙烯绝缘铜芯线；

2——导线的根数；

2.5——导线的截面积；

PE2.5——1 根接零保护线，截面为 2.5mm^2；

PC20——穿管直径为 20mm 的 PVC 管；

FC——线路暗敷设在地面内。

2. 常用低压电气元件图例及绘制方法

常用低压电气元件图例及绘制方法见表 6-1-4。

表 6-1-4　常用低压电气元件图例及绘制方法

名称	图例	绘制方法和使用命令
低压断路器		直线+极轴设置+矩阵
隔离开关		直线+极轴设置
负荷开关		直线+极轴设置+圆
漏电保护开关		直线+极轴设置+矩阵+圆

（二）电气系统图及其绘制方法

1. 电气系统图

电气系统图是用规范的电气图形符号表示出系统中各线路的组成及正确标注线路的技术参数。简单地说，系统图是用单线代表导线将各级开关符号联系在一起并标注出导线及开关的相关技术参数的简图，如图 6-1-2 所示。

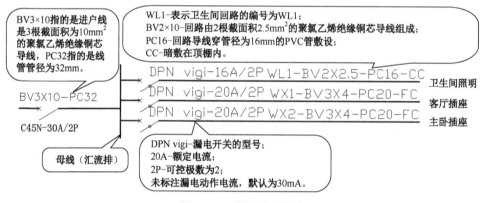

图 6-1-2　某照明系统图

一个系统图主要由规范的图形符号和正确的标注组成，因此，学会图形符号的绘制和标注正是电气制图的关键。

电气图形符号是实际电气元件的简写图形表达式，主要体现该电气元件的主要功能与作用。而在电气系统中，电气元件包罗万象，每种元件的功能不尽相同，这就决定了每种电气元件之间的图形符号有区别，同时也确定了每个图形符号要遵循统一的标准，这样在技术人员阅读图纸时，才能准确快速地获取相关技术信息。如何准确地绘制多样繁杂的电气图形符号，这是电气制图的难题和重点。

2. 低压元件绘制方法

在平面几何中提到，"点、线、面是构成一切平面图形的基础"。因此，电气符号作为一种平面图形符号，它同样也是由点、线、面等基本元素组成的。下面以断路器的图形符号画法举例说明。

如图 6-1-3 所示，断路器的图形符号可分解为一条水平横线，两条短斜线（分别与水平线夹角是 45°和 135°），一条长斜线（与水平线夹角为 30°）和另一条水平横线 4 部分。可以看出，无论是水平横线或者斜线，其基本制图元素都是直线。

图 6-1-3　断路器符号分解

因此，在电气制图中，图形符号的绘制，首先将标准的图形符号进行拆解，拆解成点、线、面等基本制图元素；然后在绘制过程中，根据图形符号中各基本制图元素之间相互的位置关系，将其组装起来，形成一个标准的图形符号。

在 AutoCAD 中具体操作步骤如下：

（1）在软件底部状态切换栏中打开正交模式，如图 6-1-4 所示。

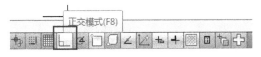

图 6-1-4　打开正交模式

（2）选择直线命令 Line 绘制一长度为 100 的水平直线；

（3）在软件底部极轴选择按钮上单击右键，选择设置，在弹出的"草图设置"对话框中，选择"启动极轴追踪"，"增量角"选择"45"，具体设置如图 6-1-5 所示。

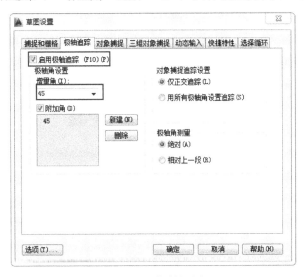

图 6-1-5　极轴设置

（4）在直线的右端画一条与水平直线夹角为 45°、长度为 10 的直线，如图 6-1-6 所示。

图 6-1-6　(a) 绘制过程　　　　图 6-1-6　(b) 绘制效果

（5）选择所画直线，调用经典矩阵命令：ARRAYCLASSIC

在打开的"阵列"对话框中进行如图 6-1-7（a）设置，中心点选在短线的左端，项目总数设置为 4，填充角度为 360 度即一个圆周，效果如图 6-1-7（b）所示。

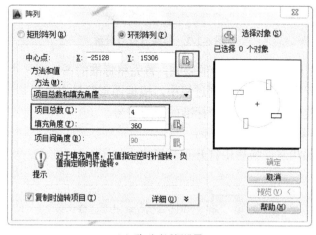

（a）阵列对话框设置

（b）绘制效果

图 6-1-7　设置阵列参数及绘制效果

（6）调用复制命令：Copy，选择之前绘制的水平直线，并指定基点在直线的左端点，将打开正交模式，向右移动鼠标并输入水平距离为 150，其绘制过程与效果如图 6-1-8 所示。

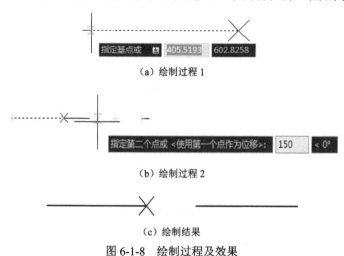

（a）绘制过程 1

（b）绘制过程 2

（c）绘制结果

图 6-1-8　绘制过程及效果

（7）打开"极轴追踪"对话框，将增量角设置为 30 度，如图 6-1-9 所示。

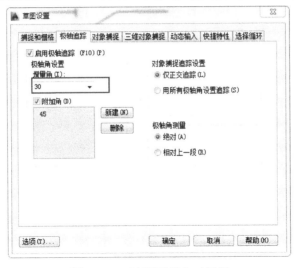

图 6-1-9　"极轴追踪"对话框

（8）调用直线命令：Line，单击刚绘制的直线左端沿与水平直线夹角为 210°的方向，输入"50"，绘制长度为 50 的直线，其绘制过程和效果如图 6-1-10 所示。

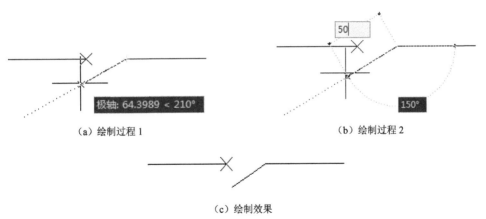

（a）绘制过程 1　　　　　　　　　　　　　　　　（b）绘制过程 2

（c）绘制效果

图 6-1-10　绘制过程及效果

（9）在电气图纸中，除了正确地绘制图形元件，还要对其具体的规格参数进行标注。调用多行文字命令：MText，在图形上方适当位置单击鼠标左键拖出一个长方形，在弹出的对话框中将字体高度设置为 20，输入断路器的型号规格为 C65-20A/2P。绘制过程和效果，如图 6-1-11 所示。

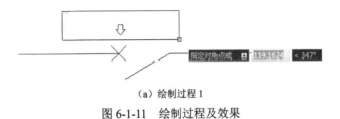

（a）绘制过程 1

图 6-1-11　绘制过程及效果

（b）绘制过程 2

（c）绘制效果

图 6-1-11　绘制过程及效果（续）

由图 6-1-11 所示的断路器的绘制过程不难得出，不管元件符号或者图纸有多么复杂，总能分解成最基本的图元，而利用最基本的图元总能勾画出完整元件或完整的图纸。简单说便是"化整为零，由零组整"。以上绘制方法是根据笔者的制图习惯总结出来的，其实还可以利用其他的分解方式和绘图命令进行绘制，希望读者不要拘泥于一种方法。虽然分解方法不同决定了制图方法的多样性，但如何将图形进行合理分解，选用合理的绘图命令省时省力、高效地绘制图纸，却是每个制图人员应该要一直追求的目标。

四、任务实施

活动 1　认识家居照明系统的基本组成

1. 请统计教室的用电设备及配电设施并填写于表 6-1-5

用电设备：将电能转化为其他能源的设备，如常见的荧光灯、电风扇等。

配电设施：为用电设备输送或者分配电能的设施，如插座、断路器、配电线路等。

表 6-1-5　用电设备及配电设施

用电设备					配电设施				
序号	名称	规格型号	数量及单位	备注	序号	名称	规格型号	数量及单位	备注
1					1				
2					2				
3					3				

2. 请在表 6-1-5 备注栏中标出属于照明系统的元件

家居照明系统，简单地说就是集灯具、插座、线路的选择与布置为一体的电气系统，其功能是提供符合在该空间内生活所需的照度及安全配电等。

活动 2 | 识读照明系统图

请写出以下参数的含义。

1．DPN-16A/1P：

2．DPN vigi-20A/2P-30mA：

3．WL1-BV2×2.5-P16-CC：

活动 3 | 绘制两室两厅照明系统图

1．请用 AutoCAD 绘制如下图形符号

（1）微型断路器

（2）漏电开关

2. 请用 AutoCAD 绘制如图 6-1-12 所示为照明系统图

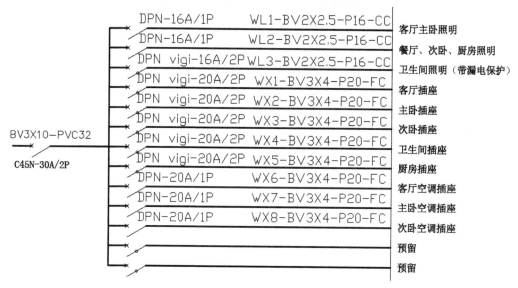

DPN-16A/1P	WL1-BV2X2.5-P16-CC	客厅主卧照明
DPN-16A/1P	WL2-BV2X2.5-P16-CC	餐厅、次卧、厨房照明
DPN vigi-16A/2P	WL3-BV2X2.5-P16-CC	卫生间照明（带漏电保护）
DPN vigi-20A/2P	WX1-BV3X4-P20-FC	客厅插座
DPN vigi-20A/2P	WX2-BV3X4-P20-FC	主卧插座
DPN vigi-20A/2P	WX3-BV3X4-P20-FC	次卧插座
DPN vigi-20A/2P	WX4-BV3X4-P20-FC	卫生间插座
DPN vigi-20A/2P	WX5-BV3X4-P20-FC	厨房插座
DPN-20A/1P	WX6-BV3X4-P20-FC	客厅空调插座
DPN-20A/1P	WX7-BV3X4-P20-FC	主卧空调插座
DPN-20A/1P	WX8-BV3X4-P20-FC	次卧空调插座

BV3X10-PVC32
C45N-30A/2P
预留
预留

图 6-1-12 某两室两厅照明系统图

任务 2 建筑照明平面图的识读与绘制

一、任务介绍

照明平面图是照明系统实际施工的依据，它不仅表示系统的组成，还有元件的布置以及相关技术参数。

因此，无论是对于设计人员还是现场施工人员，都必须掌握照明平面图的识读，正确地理解获取图纸中包含的各种技术参数。

如何去识读和绘制照明平面图？在绘制时，需要了解怎样的技术规范，才能规范地绘制照明平面图？这是本任务需要学习和处理的问题。

二、任务分析

在建筑电气工程中，因所有电气元件是按照规范要求布置在相应的建筑空间内，为了方便施工，只需要将电气元件符号及相关参数绘制在建筑平面图上即可，这张图纸便是照明平面图。它既要表示出整个电气系统的组成与连接方式，又要体现出其各个元件在建筑空间内的具体安装位置。因此就决定了整个电气系统与建筑空间表示的图纸息息相关，这个建筑图纸便是建筑平面图。简单地说，建筑平面图表示的是该建筑内各个空间的布局及作用，为了给这些空间提供符合规范的照明及安全供电，则只需要在建筑平面图上将照明系统的相关元件规范地布置在上面即可。

要完成这个任务，首先需要学习建筑电气相关安装规范，其次需要学习建筑平面图的识读，再次需要学习建筑电气相关图形符号的绘制及标注参数，最后根据规范，合理地布置电气元件完成照明平面图的绘制。

因此，在本任务中要准确完成图纸的绘制，除了需要读者娴熟运用 AutoCAD 绘制图形外，更需要读者熟悉相关电气设备的安装规范和要求。

三、知识点导航

（一）照明系统常用元件介绍

1. 照明灯具

（1）作用：在建筑电气中，灯具主要是将电能转换为光能，提供满足该场所所需照度的光源。

（2）常见分类：

① 按光源类型分，如表 6-2-1 所示；

表 6-2-1　常见光源类型及其在图纸中的代号

序号	光源类型	英文代号（新）	拼音代号（旧）
1	白炽灯	IN	B
2	荧光灯	FL	Y
3	卤（碘）钨灯	IN	L
4	汞灯	Hg	G
5	钠灯	Na	N

② 按灯管功率分有 4W、6W、8W、15W、20W、30W、40W、60W、100W 等；

③ 按防护类型可分普通型、防尘型、防水型。

（3）灯具的安装方式（见表 6-2-2）

表 6-2-2　照明灯具安装方式及在图纸中的代号

序号	表达内容	英文代号（新）	拼音代号（旧）
1	墙壁外装式	W	B
2	墙壁内装式	WR	BR
3	吸顶式	S	D
4	管吊式	P	G
5	链吊式	CH	L
6	线吊式	CP	X
7	自在器线吊式	CP	X
8	固定线吊式	CP1	X1
9	防水线吊式	CP2	X2
10	吊线器式	CP3	X3
11	个进入棚顶嵌入式	R	R
12	可进入棚顶嵌入式	CR	DR
13	台上安装	T	T
14	柱上安装	CL	Z
15	支架上安装	SP	J
16	座装	HM	ZH

（4）常用灯具图例及绘制方法（见表 6-2-3）

表 6-2-3　照明灯具图例及绘制方法

名称	图例	绘制方法和使用命令
灯具一般符号	$\otimes$	圆+直线+旋转
单管荧光灯	⊢————————⊣	直线
双管荧光灯	⊢════════⊣	直线+偏移/复制
吸顶灯	◗	圆+直线+修剪+填充
防水防尘灯	$\otimes$	圆+直线+旋转+填充

（5）工程图纸中灯具的标注方式

根据 GB/T 4728.11-2000 规定，照明灯具的一般标注方法为：

$$A-B\frac{C\times D\times L}{E}F$$

A——某空间内同类灯具的个数；

B——灯具类型的文字符号；

C——灯具内安装的灯泡或灯管的数量；

D——每个灯泡或灯管的功率（W）；

L——电光源种类文字符号；

E——灯具安装高度，灯具底部至地面（m），"—"表示吸顶安装；

F——安装方式文字符号。

例如：$2-YG2\dfrac{2\times40\times FL}{2.5}CP$。表示该场所有这种类型的灯 2 盏；灯具类型为 YG2，每个灯具有 2 个灯泡；功率为 40W；光源种类是荧光灯（FL）；采用线吊式安装（CP）；安装高度为 2.5m。

（6）建筑电气灯具安装及选用常用规范精选

① 照明系统中的每一单相分支回路电流不宜超过 16A，光源数量不宜超过 25 个；大型建筑组合灯具每一单相回路电流不宜超过 25A，光源数量不宜超过 60 个（当采用 LED 光源时除外）。

② 卫生间、浴室等潮湿且易污场所，宜采用防潮易清洁的灯具。

③ 卫生间的灯具位置应避免安装在便器或浴缸的上面及其背后。

④ 潮湿场所，应采用相应防护等级的防水灯具，并应满足相关 IP 等级要求；

⑤ 多尘埃的场所，应采用防护等级不低于 IP5X 的灯具；

⑥ 插座不应和照明灯接在同一分支回路；

⑦ 灯具回路的相线必须通过开关控制。

2. 照明开关

（1）作用：接通和断开照明回路，控制灯具电源。

（2）常见分类：

按一个开关器件上可控制回路数分为：单极、双极、三极。

所谓双极开关就是一个开关面板上装了两个翘板的开关，可以分别控制两条线路。例如，厨房有一盏灯，一只排气扇，理论上两个电器回路分别需要用两个开关控制，但是为了节省空间，可选用一个开关器件集合了两个开关翘板的器件，即双极开关。

按控制方式分：单控、双控、多控。

双控是指一盏灯有两个开关，即可以在不同的地方控制开关同一盏灯。比如卧室，门边一个，床头一个，同时控制卧室灯的开关。多控便是多地控制。

按安装方式：明装、暗装。

按电气规格分：250V 6A、250V 10A。

（3）常用开关图例

常用开关图例及绘制方法见表6-2-4。

表6-2-4　常用开关图例及绘制方法

名称	图例	绘制方法和使用命令
单极开关 （1）明装；（2）暗装；（3）保护/密闭	（1）　　（2）　　（3）	圆+直线+填充+极轴设置
双极开关 （1）明装；（2）暗装；（3）保护/密闭	（1）　　（2）　　（3）	圆+直线+填充+极轴设置
双控开关 （1）明装；（2）暗装	（1）　　（2）	圆+直线+填充+极轴设置
拉线开关		圆+直线+填充+极轴设置

（4）建筑电气开关安装及选用常用规范精选

① 开关安装位置便于操作，开关边缘距门框边缘的距离为0.15～0.2m，开关距地面高度为1.3m；拉线开关距地面高度为2～3m，层高小于3m时，拉线开关距顶板不小于100mm，拉线出口垂直向下。

② 相同型号并列安装同一室内开关安装高度一致，且控制有序不错位。并列安装的拉线开关的相邻间距不小于20mm。

③ 暗装的开关面板应紧贴墙面，四周无缝隙，安装牢固，表面光滑整洁、无碎裂、划伤，装饰帽齐全。

④ 卫生间照明灯具的开关应该安装在其门外。

3．插座

（1）作用：为建筑除内照明设备外的其他用电设备提供安全可靠的工作电源接口。

（2）常用分类：

按配电电源分：单相、三相。

单相是指插座引入的是单相电源，即1相线+1零线的形式；

三相是指插座引入的是三相电源，即3相线+1零线的形式。

按安装方式分：明装、暗装。

按防护形式分：普通型、保护/密闭型、防爆型。

按电气规格分：250V 10A、250V 16A。

按有无接地插孔分：普通型、带接地插孔型。

（3）常用灯具图例

常用灯具图例及绘制方法见表6-2-5。

表 6-2-5 　常用灯具图例及绘制方法

名称	图例	绘制方法和使用命令
单相插座 （1）明装；（2）保护/密闭； （3）防爆；（4）暗装	（1）　（2） （3）　（4）	直线+圆+修剪+填充
单相带接地插孔插座 （1）明装；（2）保护/密闭； （3）防爆；（4）暗装	（1）　（2） （3）　（4）	直线+圆+修剪+填充
三相带接地插孔插座 （1）明装（2）保护/密闭 （3）防爆（4）暗装	（1）　（2） （3）　（4）	直线+圆+修剪+填充+极轴设置

（4）建筑电气插座安装及选用常用规范精选

1）当插座为单独回路时，每一回路插座数量不宜超过 10 个（组）；用于计算机电源的插座数量不宜超过 5 个（组），并应采用 A 型剩余电流动作保护装置。

2）住宅内电热水器、柜式空调宜选用三孔 15A 插座；空调、排油烟机宜选用三孔 10A 插座；其他宜选用二、三孔 10A 插座；洗衣机插座、空调及电热水器插座宜选用带开关控制的插座；厨房、卫生间应选用防溅水型插座。

3）电源插座底边距地低于 1.8m 时，应选用安全型插座。

4．配电箱

（1）作用

从建筑外引入电源并进行分配和控制。

（2）常用分类

一般按其功能可分为以下几类，见表 6-2-6。

表 6-2-6 　常用配电箱及其在图纸中的代号

序号	表达内容	英文代号（新）
1	照明配电箱	AL（照明支路 WL 插座支路 WX）
2	动力配电箱	AP（支路 WP）
3	应急照明配电箱	AEL（支路 WEL）
4	应急动力配电箱	AEP（支路 WEP）
5	照明干线	WLM
6	动力干线	WPM
7	应急照明干线	WELM
8	应急动力干线	WEPM

（3）常用配电箱图例

常用配电箱图例及绘制方法见表 6-2-7。

表 6-2-7　常用配电箱图例及绘制方法

名称	图例	绘制方法和使用命令
电力配电箱		矩形+直线+填充
照明配电箱		矩形+填充
多种电源配电箱		矩形+直线+填充

（二）建筑平面图相关知识

1. 建筑平面图

建筑平面图，是将新建建筑物或构筑物的墙、门窗、楼梯、地面及内部功能布局等建筑情况，以水平投影方法和相应的图例所组成的图纸。它反映建筑的平面形状、大小、内部布局、地面、门窗的具体位置和占地面积等情况。不仅是建筑工程的主要图纸，也是后期水电安装工程设计和施工的主要依据。因此，要正确理解建筑平面图的含义，需要熟悉建筑平面图的一些基本知识和常用符号。

2. 建筑平面图常用图例

建筑平面图常用图例及绘制方法见表 6-2-8。

表 6-2-8　建筑平面图常用图例及绘制方法

名称	图例	绘制方法和使用命令
轴线 虚线		图层设置中选择线型为 CENTER，颜色为红色，用直线命令绘制
墙体 （平行实线）		应用多线命令沿轴线绘制
轴线标号	Ⓐ—横轴 ①—纵轴	直线+圆+多行文字

（1）关于墙体规格（厚度）说明

一般的墙体是由一块块的砖砌成，而每个标准砖都有一个固定的尺寸，一块标准砖长为 240mm，宽为 115mm，高为 53mm。

墙的砌筑厚度是按半砖的倍数确定的，如半砖墙、一砖墙、一砖半墙、两砖墙等，相应的实际尺寸为 115mm、240mm、365mm、490mm 等（不包括水泥砂浆和粉刷层）。习惯上以它们的标志尺寸来称呼，如 12 墙、24 墙、37 墙、49 墙。

（2）常用砖墙尺寸表

常用砖墙尺寸见表 6-2-9。

表 6-2-9　常用砖墙尺寸表

名称	1/4墙	1/2墙	3/4墙	1砖墙	1砖半墙	2砖墙
标志尺寸（mm）	60	120	180	240	370	490
构造尺寸（mm）	50	115	178	240	365	490

因此，在后面绘制建筑平面图的墙体时，将"多线"命令的比例设置为 240 指的是墙厚为 240mm，即一砖墙或 24 墙。

3. 轴线及其标号

轴线是建筑结构的基准线，关系各个部件的定位，在图纸中起着至关重要的作用。为了方便阅读和施工，一般将每一根轴线按要求进行标号。

标号规则如下：

（1）横向定位轴线的编号应从左到右用阿拉伯数字注写；

（2）纵向定位轴线的编号应自下而上用拉丁字母编写，其中 I、O、Z 不用于轴线编号，以免与 1、2、0 混淆。如图 6-2-1 所示。

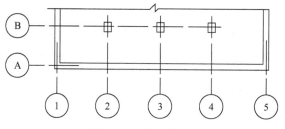

图 6-2-1　轴线编号

如字母数字不够，可用 AA、BA 或 A1、A2 代替。

4. 建筑电气工程常用规范

在建筑电气工程中，为了正确地标注和解读图纸上的相关参数，无论作为电气设计人员还是作为施工人员都必须熟悉建筑电气相关规范。

如需要查找更多的建筑电气常用规范及标准图集目录请参考如下网址：https://wenku.baidu.com/ view/97ee12909ec3d5bbfc0a7444.html。

（三）住宅照明平面图绘制

1. 电气照明平面图

照明平面图，是建筑电气照明系统安装的依据，其主要用来清楚地表示进户线、配电箱、灯具、开关、插座及配电线路等器件的数量、规格型号、安装方式及位置等。如图 6-2-2 所示，是某住宅建筑照明平面图。

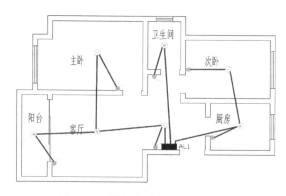

图 6-2-2　某住宅建筑照明平面图

如果将其进行分解，不难得到如图 6-2-3 所示分解图。

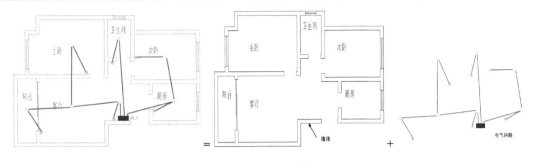

图 6-2-3　图形分解

即：照明平面图 = 建筑平面结构 + 电气系统。

一般将建筑平面图作为底图，把规范的电气元件以单线图的形式绘制并布置在建筑平面图上，以清晰地表达电气元件在建筑空间内的安装位置及相互联系，这便是电气照明平面图。

在用电设备比较多、线路比较复杂的情况下，为了让图纸比较整洁，一般将灯具与插座线路分开绘制，即一份主要绘制灯具、开关及其配电线路，另外再将插座及其配电线路绘制在另一份图纸上。

2. 电气照明平面图的绘制内容及方法

由建筑照明平面的构成可知，如要绘制相应的图纸，该图纸应该包含如下内容：

（1）配电箱的数量、安装位置、编号等；

（2）线路的配管类型、敷设位置、线路走向、导线根数以及导线连接方法等；

（3）灯具类型、功率、安装位置、安装方式及其标高等；

（4）开关类型、安装位置及控制方式等；

（5）插座及其他电器的类型、容量、安装位置等。

绘制方法及步骤：

以图 6-2-4 单人间照明平面图为例。

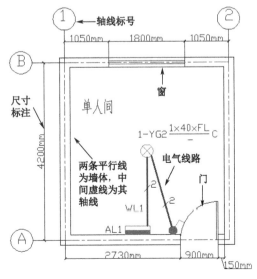

图 6-2-4　单人间照明平面图

第 1 步：新建 CAD 图纸。

第 2 步：新建并设置图层。

软件具体操作方法及步骤：如图 6-2-5 所示。

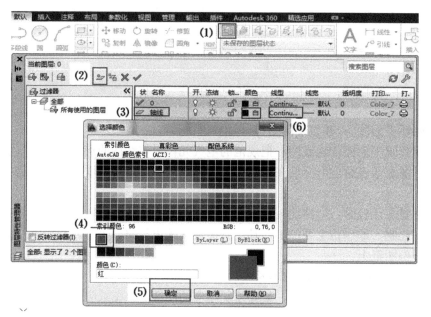

（a）

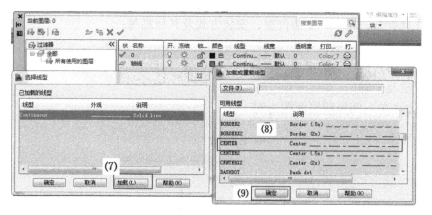

（b）

（c）

图 6-2-5　图层新建操作方法及步骤

① 点击图层特性按钮或者输入 LAYER 命令调出图层特性管理器；

② 新建图层；

③ 命名为"轴线"；

④ 颜色选择为红色；

⑤ 单击"确定"按钮；

⑥ 双击"线型"按钮；

⑦ 点击"加载"按钮；

⑧ 在可用线型中选择线型"CENTER"；

⑨ 单击"确定"按钮；

⑩ 在选择线型对话框中选择线型"CENTER"；

⑪ 单击"确定"按钮。

其他"墙体""门窗""建筑标注""灯具及开关""照明线路""插座""插座线路"及"电气标注"图层的建立和设置如法炮制即可，注意调整"照明线路"与"插座线路"图层的线宽为 0.3，图层最后建立和设置的效果，如图 6-2-6 所示。

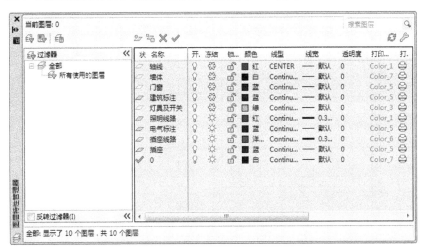

图 6-2-6　图层建立与设置

图层的设置是为了方便区分、布置和修改各个系统的元件，其建立的依据是同一系统元件放同一个图层，作图者要坚持分图层绘制不同系统元件的良好作图习惯。

第 3 步：绘制轴线

轴线即每个墙体的中心线，是绘制墙体的基准线。

软件具体操作方法及步骤：

① 选择轴线图层作为当前层；

② 调用矩形命令：RECTANGLE 绘制长为 3900、宽为 4200 的矩形；

③ 利用分解命令：EXPLODE 将所绘制矩形分解。

第 4 步：绘制墙体

软件具体操作方法及步骤：

① 选择墙体图层；

② 调用多线命令：MLINE，在命令提示栏中分别作如下操作：

当前设置：对正 = 无，比例 = 24.00，样式 = STANDARD

指定起点或 [对正(J)/比例(S)/样式(ST)]：   J

输入对正类型 [上(T)/无(Z)/下(B)] <无>：   Z

当前设置：对正 = 无，比例 = 24.00，样式 = STANDARD

指定起点或 [对正(J)/比例(S)/样式(ST)]：   S

输入多线比例 <24.00>：   240

当前设置：对正 = 无，比例 = 240.00，样式 = STANDARD

③ 以轴线某端点为起点沿着轴线绘制多线，效果如图 6-2-7（a）所示；

④ 利用分解命令：EXPLODE 将图形分解；

⑤ 利用延伸命令：_extend 将图形底部的两条水平线进行延伸，如图 6-2-7（b）所示；

⑥ 利用修剪命令：_trim 修剪多余线条，如图图 6-2-7（c）所示；

⑦ 在图形的顶部和底部墙体上用直线、偏移和修剪命令分别留出窗洞和门洞，窗宽 1800 在顶部墙体中间布置，门宽 900 布置在底部墙体，距右边墙体 150。效果如图 6-2-7（d）和图 6-2-7（e）所示。

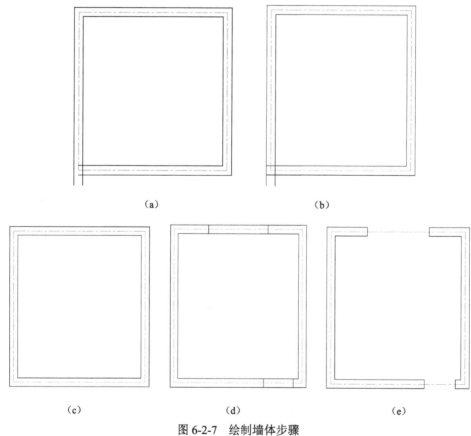

图 6-2-7　绘制墙体步骤

第 5 步：绘制门窗

软件具体操作方法及步骤：

① 切换到门窗图层，调用直线、矩形、偏移等命令按照门窗尺寸绘制门、窗的图形符号，如图 6-2-8 所示；

② 利用移动命令：MOVE 将绘制的门窗移动到合适位置，如图 6-2-9 所示。

（a）门　　　　　　　　　　（b）窗

图 6-2-8　门窗绘制图例

图 6-2-9　门窗绘制效果

第 6 步：标注建筑尺寸、轴线标号及名称

软件具体操作方法及步骤：

① 选择建筑标注图层

在注释菜单中选择新建标注样式并命名为建筑标注，并置为当前，如图 6-2-10 所示。

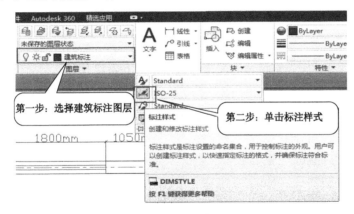

（a）新建标注过程

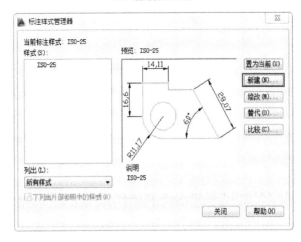

（b）新建标注样式

图 6-2-10　建筑标注图层建立

在弹出的对话框中分别对主单位、文字符号、箭头、线选项卡做相应设置，具体如下：
在"主单位"选项卡中设置图纸标注后缀为 mm，即标注单位为毫米，如图 6-2-11 所示；

图 6-2-11　标注后缀单位

在"文字"选项卡中设置适合的文字高度，如图 6-2-12 所示；

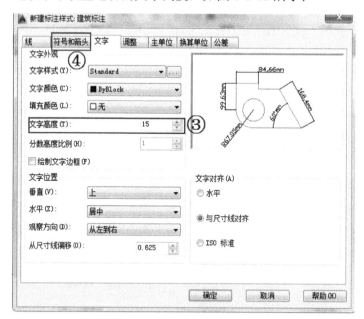

图 6-2-12　设置文字高度

在"符号和箭头"选项卡中将箭头的形式设置为建筑标注，如图 6-2-13 所示；

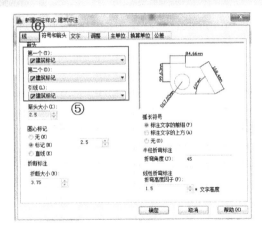

图 6-2-13　建筑标注的设置

在"线"选项卡中将尺寸线颜色设置为与当前图层（ByLayer）一致，如图 6-2-14 所示；

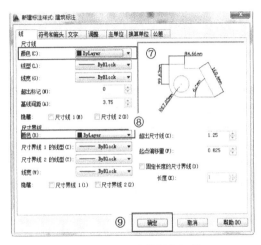

图 6-2-14　尺寸线颜色调整

最后当该新建标注置为当前，如图 6-2-15 所示。

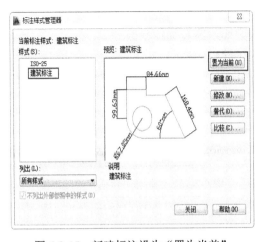

图 6-2-15　新建标注设为"置为当前"

② 调用线性标注命令：dimlinear 对建筑平面图关键尺寸进行标注，效果如图 6-2-16 所示。

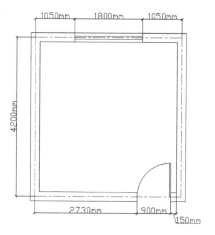

图 6-2-16　建筑平面图标注尺寸效果

③ 利用圆和多行文字命令给轴线标上轴线编号及给建筑标注名称，如图 6-2-17 所示；

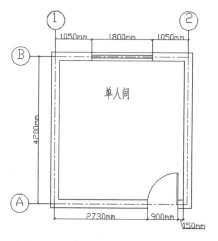

图 6-2-17　标注轴线编号及建筑名称

第 7 步：绘制、布置照明线路及标注参数
软件具体操作方法及步骤：

① 切换到灯具及开关图层，利用基本绘图命令绘制灯、开关、配电箱等照明元件，如图 6-2-18 所示；

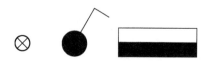

图 6-2-18　绘制相关照明元件效果图

② 将照明元件放在合适部位，单个灯具一般放在房间屋顶中心位置，其控制开关放在门边方便操作；

③ 完成元件布置后，将图层切换到照明线路图层，利用直线命令绘制直线将各个元件按照其连接原理连接起来；

④ 切换到电气标注图层，利用多行文字及直线命令给导线及元件标注相应参数，如配电箱编号 AL1、回路编号 WL1、导线根数（2 根导线一般不标识）及灯具参数，如图 6-2-19 所示。

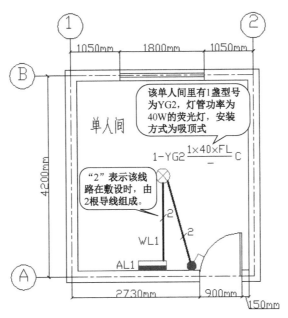

图 6-2-19　标注导线及相关电气元件参数

关于线路中导线数量的标识，主要由回路的控制原理及导线的敷设要求来确定导线根数，如上例中，其具体控制原理如图 6-2-20 所示。

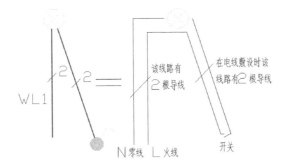

图 6-2-20　回路的控制原理

第 8 步：绘制、布置插座线路及标注参数

在线路比较多时，一般照明线路和插座线路分开绘制，因此可提前将绘制完成的建筑平面图复制一份作插座线路布置用。

插座的布置一般按用电设备安装或者摆放位置来布置，插座的线路为了美观可以沿墙绘制。但需要注意的是，绘制线路时，线宽与颜色应该与墙体的线宽与颜色有所区别。参考图纸如图 6-2-21 所示。

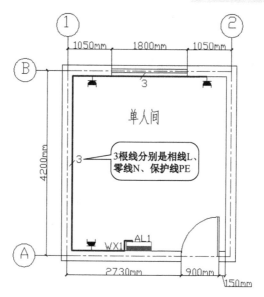

图 6-2-21　绘制和布置插座线路及标注参数

四、任务实施

活动 1　查阅家居照明系统常见设备安装规范及要求

查阅民用建筑电气设计与安装相关规范，完成如下题目。

1. 开关安装位置要便于操作，开关边缘距门框边缘的距离_____m，开关距地面高度_____m；拉线开关距地面高度 2～3m，层高小于 3m 时，拉线开关距顶板不小于____mm，拉线出口垂直向下。

2. 照明系统中的每一单相分支回路电流不宜超过_____A，光源数量不宜超过____个；大型建筑组合灯具每一单相回路电流不宜超过_____A，光源数量不宜超过____个（当采用 LED 光源时除外）。

3. 当插座为单独回路时，每一回路插座数量不宜超过____个（组）；用于计算机电源的插座数量不宜超过____个（组），并应采用 A 型剩余电流动作保护装置。

4. 卫生间的灯具位置应避免安装在便器或浴缸的上面及其背后。开关宜设于卫生间_____。

5. 住宅内电热水器、柜式空调宜选用三孔____A 插座；空调、排油烟机宜选用三孔____A 插座；其他宜选用二、三孔____A 插座；洗衣机插座、空调及电热水器插座宜选用带开关控制的插座；厨房、卫生间应选用防____型插座。

6. 电源插座底边距地低于_____时，应选用安全型插座。

活动 2　建立照明系统常用图例库

1. 请用 CAD 绘制如图 6-2-22 所示的图例库。

序号	图例	名称	说明
1		控制屏、控制台	配电室及进线用开关柜
2		电力配电箱（板）	画于墙外为明装、墙内为暗装
3		工作照明配电箱（板）	画于墙外为明装、墙内为暗装
4		多种电源配电箱（板）	画于墙外为明装、墙内为暗装
5	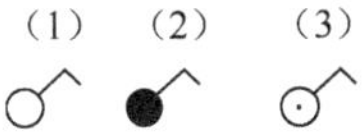 （1）（2）（3）	单极开关	（1）明装（2）暗装（3）保护或密闭 除图上标注，一般为 250V 10A，距地 1.3m，距门边 100~200mm
6		刀开关	断路器（低压断路器）
7	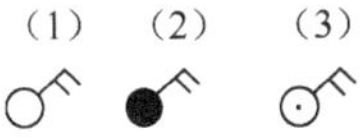 （1）（2）（3）	双极开关	（1）明装（2）暗装（3）保护或密闭
8	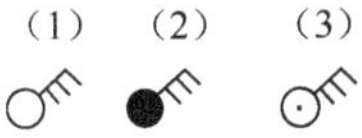 （1）（2）（3）	三极开关	（1）明装（2）暗装（3）保护或密闭
9		拉线开关	
10	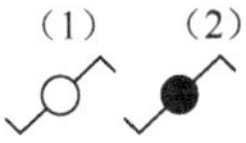 （1）（2）	双控开关	（1）明装（2）暗装
11		接地或接零线路	
12		接地或接零线路（有接地极）	
13		接地、重复接地	
14		熔断器	除注明外均为 RCIA 型瓷插式熔断器
15		交流配电线路	铝（铜）芯时为 2 根 2.5（1.5）mm^2，注明者除外
16	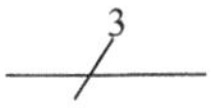 3	交流配电线路	3 根导线
17	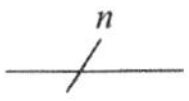 n	交流配电线路	n 根导线
18		避雷线	
19	⊗	灯具一般符号	
20		单管荧光灯	每管附装相应容量的电容器和熔断器
21		双管荧光灯	每管附装相应容量的电容器和熔断器
22		壁灯	
23		吸顶灯（天棚灯）	
24		球形灯	
25		深照型灯	

图 6-2-22　照明系统常用图例

序号	图例	名称	说明
26		广照型灯	
27		防水防尘灯	
28		局部照明灯	
29		安全灯	
30		隔爆灯	
31		花灯	
32		平底灯座	
33		避雷针	
34	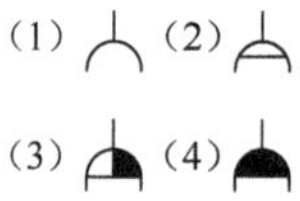 (1)⊥ (2)⊤ (3)⊿ (4)◢	单相插座	（1）一般（明装）（2）保护或密闭（3）防爆（4）暗装 除图上标注，一般为 250V 10A，低插暗装距地 0.3m，空调等高插及儿童场所（不带保护板）1.8m
35	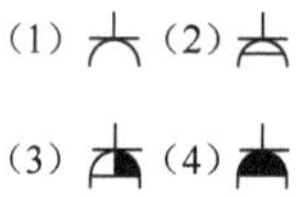 (1)⊥ (2)⊤ (3)⊿ (4)◢	单相插座带接地插孔	（1）一般（明装）（2）保护或密闭（3）防爆（4）暗装 除图上标注，一般为 250V 10A，低插暗装距地 0.3m，空调等高插及儿童场所（不带保护板）1.8m
36	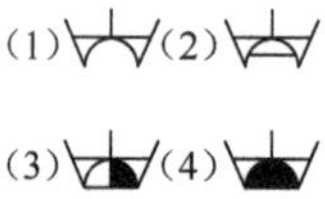 (1)⊻(2)⊼ (3)⊻(4)◢	三相插座带接地插孔	（1）一般（明装）（2）保护或密闭（3）防爆（4）暗装 除图上标注，一般为 380V 15A

图 6-2-22　照明系统常用图例（续）

活动 3　识读照明平面图

某照明平面图如图 6-2-23 所示。

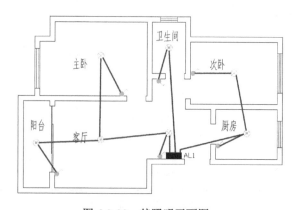

图 6-2-23　某照明平面图

1．请将图纸中所用电气元件名称及相关参数填入表 6-2-10。

表 6-2-10　电气元件名称及相关参数

序号	图形符号	名称	数量及单位	基本安装参数
1				
2				
3				
4				
5				
6				
7				
8				

2．请根据回路的控制原理及导线的敷设要求，在图纸中标出各个线路的导线根数。

活动 4　绘制两室两厅建筑平面图

请绘制如图 6-2-24 所示的建筑平面图。

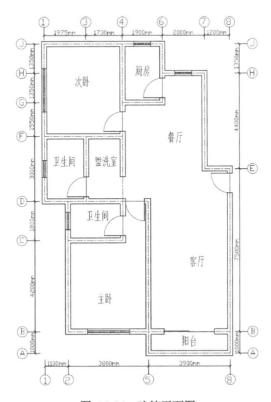

图 6-2-24　建筑平面图

活动 5 绘制两室两厅照明平面图

结合任务 1 中照明系统图（图 6-1-12）及建筑平面图（图 6-2-24），完成两室两厅照明平面图的绘制。要求照明线路与插座线路分别绘制在不同图纸上，并完成各项参数的标注。

五、项目评价

1. 每组选派一名代表以 PPT、录像或影片的形式向全班展示、汇报学习成果。
2. 在每位代表展示结束后，其他每组请选派一名代表进行简要点评。

学生代表点评记录：_____

_____

3. 项目评价

项目评价表

评价内容	学习任务	配分	评分标准	得分
专业能力	任务 1 照明系统图的识读与绘制	40	完成任务，能通过实例指出照明系统基本组成元件、符号及参数得 10 分；绘制图纸清晰、规范得 20 分；图纸排序规整自然，人员设备安全得 5 分；遵守纪律，积极合作，工位整洁得 5 分。损坏设备或没完成本项不得分。	
	任务 2 建筑照明平面图的识读与绘制	40	完成任务，正确规范绘制建筑平面图 10 分；正确规范绘制照明平面图 20 分，人员设备安全得 5 分；遵守纪律，积极合作，工位整洁得 5 分。损坏设备或没完成本项不得分。	
方法能力	任务 1~3 整个工作过程	10	信息收集和筛选能力、制定工作计划、独立决策、自我评价和接受他人评价的承受能力、计算机应用能力。根据任务 1~任务 3 工作过程表现评分。	
社会能力	任务 1~3 整个工作过程	10	团队协作能力、沟通能力、对环境的适应能力、心理承受能力。根据任务 1~任务 3 工作过程表现评分。	
总分				

4. 指导老师总结与点评记录：

_____

_____

_____

_____

5. 学习总结：

_____

_____

_____

_____

_____

项目六习题

1. 简述 AutoCAD 中基本图形元件的绘制方法。
2. 归纳建筑照明平面图的绘制步骤。
3. 简述 AutoCAD 中图层的作用。
4. 通过勘测，绘制教室照明系统图和照明平面图。

三相异步电动机三维模型的构建

项目描述

电动机是常见的电气设备之一，在生活生产中被广泛应用。本项目以三相异步电动机在 AutoCAD 中三维模型的构建为载体，让大家清楚认识三相异步电动机的结构组成和各零部件间的装配关系。同时，在 AutoCAD 中构建三相异步电动机的三维模型过程中，学会应用三维建模的常用基本指令功能和一些测量工具的使用，为以后在工作中能够快速准确地构建所需的三维模型提供思路。

三相异步电动机及其主要构成，如下图所示。

三相异步电动机实物图

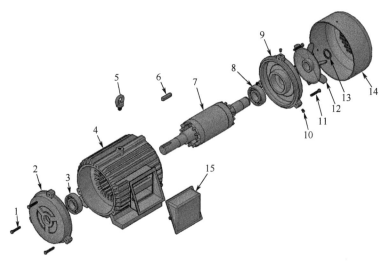

1—前端盖螺钉；2—前端盖；3—前端轴承；4—机壳座；5—吊环；6—键；7—转子；8—后端轴承；
9—后端盖；10—风扇盖紧固螺钉；11—后端盖螺钉；12—风扇；13—卡簧；14—风扇罩；15—接线盒

三相异步电动机的主要构成部件

学习任务

任务 1　简单电动机零部件的建模

任务 2　电动机转子和定子部分的建模

任务 3　简单电动机零部件的装配

学习目标

1. 认识三相异步电动机的结构组成;
2. 了解三相异步电动机各零部件的装配关系;
3. 学会使用 AutoCAD 的常用三维建模指令功能;
4. 能够使用常用的长度测量工具;
5. 能够对简单的三维模型进行构建。

学习资源

计算机、智能手机、国家资源库、电动机手册、三相异步电动机、游标卡尺、钢尺等。

学习方法

行动导向学习法、讨论学习法、合作学习法、自由作业法、4 阶段学习法、任务驱动学习法、比较学习法、听讲学习法、跟踪学习法、探索式学习法。

课时安排

建议 32 课时。

任务1　简单电动机零部件的建模

一、任务介绍

经过前面的学习,我们认识了三相异步电动机的各个零部件。本次任务是通过观察三相异步电动机的这些零部件,对其进行数据采集,完成在 AutoCAD 上对一部分结构简单的零部件模型进行构建。

二、任务分析

本次任务是对三相异步电动机的键、螺钉、轴承等零部件进行建模学习,让大家懂得如何在 AutoCAD 中进行三维模型的构建。通过对简单零部件的模型构建,熟悉三维模型构建所要使用到的一些常用工具命令,以及了解一些基本的三维模型构建思路。

三、知识导航

（一）工作空间的选择

例如，单击标题栏中"工作空间"的下拉按钮，选择"三维建模"，进入三维建模工作空间，如图 7-1-1。

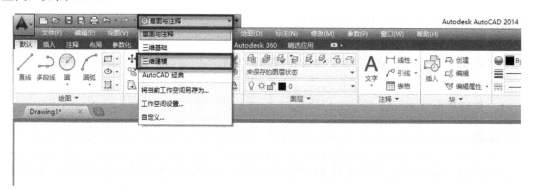

图 7-1-1　三维建模工作空间页面

（二）三维坐标系及视图的介绍

1. 三维坐标系

三维笛卡尔坐标系是 AutoCAD 中常用到的一种坐标系，即直角坐标系。通过使用三个坐标值来指定精确的位置：X、Y 和 Z。输入三维笛卡尔坐标值 (X, Y, Z) 类似于输入二维坐标值 (X, Y)。除了指定 X 和 Y 值以外，还需要指定 Z 值。

"UCS"工具条，三维坐标的设置常用工具，绘图工作平面为 XY 平面，如图 7-1-2 所示。

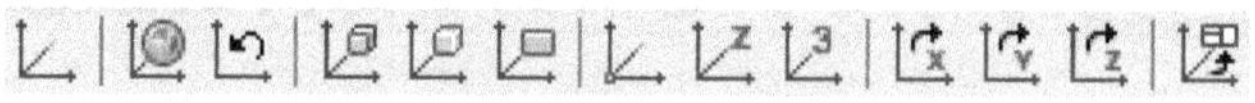

$$\llcorner \quad \text{UCS 工具条图标}$$

图 7-1-2　UCS 工具条

在三维空间中可以通过 UCS 指令来调整三维笛卡尔坐标的各轴方向。确定正轴方向和旋转方向时遵循传统的右手定则。右手拇指、食指、中指相互间垂直伸出分别表示 X、Y、Z 三轴的轴向，手指指向为正方向，手指指向相反的方向为负方向。旋转轴的方向正负判别方法是右手握住轴，大拇指指向轴的正方向，四指指向为轴旋转的正方向（即拇指指向自己，逆时针方向），如图 7-1-3 所示。

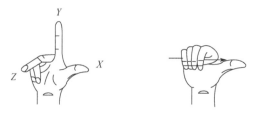

图 7-1-3　右手定则

例如在视图"东南等轴测"中，UCS 坐标系如图 7-1-4（a）所示。把 Z 轴旋转正 90°，得到如图 7-1-4（b）所示的坐标系。

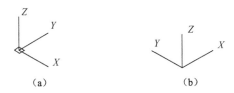

图 7-1-4   三维坐标系

除了三维笛卡尔坐标系，AutoCAD 还能以三维柱坐标和三维球坐标的形式输入坐标值。

三维柱坐标通过 *XY* 平面中与 UCS 原点之间的距离、*XY* 平面中与 *X* 轴的角度以及 *Z* 值来指定位置。三维柱坐标输入相当于三维空间中的二维极坐标输入。使用以下语法指定点：*X<angle*，*Z*。例如 6<60，5 表示距 UCS 原点 6 个单位、在 *XY* 平面中与 *X* 轴成 60 度角、沿 *Z* 轴 5 个单位的点。

三维球坐标通过指定距 UCS 原点的距离、在 *XY* 平面中与 *X* 轴所成的角度以及与 *XY* 平面所成的角度来指定该位置。使用以下语法指定点：X < [与 X 轴所成的角度] < [与 XY 平面所成的角度]。例如坐标 10<60<30 表示距原点 10 个单位、在 *XY* 平面中与 *X* 轴成 60 度角、在 *Z* 轴正向上与 *XY* 平面成 30 度角的点。

2. 相对坐标和绝对坐标

绝对坐标基于 UCS 原点（0，0，0）的坐标，坐标数值大小指的是坐标点沿 *X*、*Y*、*Z* 各轴到原点的距离，正负表示方向。例如，–2，5，0 表示沿 *X* 轴距离有 2 个单位，在负轴上；沿 *Y* 轴距离有 5 个单位，在正轴上；沿 *Z* 轴距离为 0，在 *XY* 平面上。如果使用动态输入在光标工具提示中输入坐标后，可使用#前缀指定绝对坐标。例#–2，5，0。

相对坐标是基于上一输入点的。如果知道某点与前一点的位置关系，可以使用相对 *X*，*Y*，*Z* 坐标。要指定相对坐标，请在坐标前面添加一个@符号。例如，输入@3，4，5 指定一点，此点沿 *X* 轴方向有 3 个单位，沿 *Y* 轴方向距离上一指定点有 4 个单位，沿 *Z* 轴方向距离上一指定点有 5 个单位。

3. 视图

"视图"工具条，为三维模型构建提供多个构图和观察角度，如图 7-1-5 所示。

图 7-1-5   "视图"工具条

（三）常用三维建模的工具及功能介绍

以"AutoCAD 经典"工作空间的工具条为例。在"三维建模"工作空间可以找到相应的工具栏及功能区。

1. "绘图"工具条，绘制二维图形的常用工具，如图 7-1-6 所示。

图 7-1-6   "绘图"工具条

2."修改"工具条，对图形进行编辑修改，如图 7-1-7 所示。

图 7-1-7   "修改"工具条

3."建模"工具条，简单三维模型构建的常用工具，如图 7-1-8 所示。

图 7-1-8   "建模"工具条

4."实体编辑"工具条，对三维模型进行编辑修改，如图 7-1-9 所示。

图 7-1-9   "实体编辑"工具条

四、任务实施

活动 1   键的三维建模

1. 完成对三相异步电动机连接件键的三维模型构建，如图 7-1-10 所示。

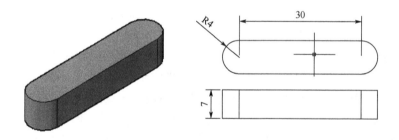

图 7-1-10   键的三维模型构建

建模思路 1：绘制二维平面图形，通过面域后拉伸等操作构建三维模型。
方法步骤：
（1）"视图"设置为俯视；
（2）按尺寸绘制二维平面图，如图 7-1-11 所示；

图 7-1-11   二维平面图

（3）对图形面域；
（4）"视图"设置为西南等轴测；
（5）将图形拉伸至所需尺寸。

建模思路2：构建圆柱和长方体三维模型，利用简单几何体拼凑型。

方法步骤：

（1）"视图"设置为西南等轴测；

（2）按尺寸画出两个R4，高7的圆柱体；

（3）按尺寸画出长30，宽8，高7的长方体；

（4）利用"移动"指令完成各模型组合，如图7-1-12所示；

（5）单击"并集"，选中这三个对象，完成键的三维模型建模思路3：构建长方体三维模型，利用"实体编辑"等三维编辑操作对模型进行修改。

方法步骤：

（1）"视图"设置为西南等轴测；

（2）构建长38，宽8，高7的长方体，如图7-1-13所示；

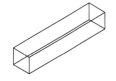

图7-1-12　各模型组合　　　　　　图7-1-13　构建长方体

（3）点"圆角边"，对图形四个边角进行R4的圆角修整。

思考：构建模型的方法有很多种，每个人的建模思路不一样，使用的工具命令和步骤都不一样，以上只是为大家提供了三种不同的建模思路作为参考。如果你自己完成键的模型构建，你会怎么做？

2．通过视图工具观察各个角度的键及利用"多行文字"标出各个面，如图7-1-14所示。

练一练：完成对电动机的卡簧进行三维模型的构建，如图7-1-15所示。

图7-1-14　标注文字的键　　　　　图7-1-15　卡簧三维效果图

_____ **活动2** ┃ 轴承的三维建模

1．完成轴承各数据的采集，如图7-1-16所示。

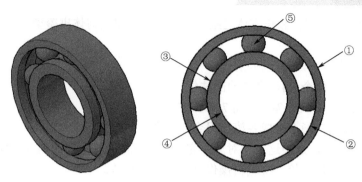

图 7-1-16　轴承示图

①　轴承外圈外径_____mm，②　轴承外圈内径_____mm，③　轴承内圈外径_____mm，

④　轴承内圈内径_____mm，⑤　滚珠直径_____mm，⑥　轴承宽_____mm。

2. 完成轴承的三维建模，见表 7-1-1。

表 7-1-1　轴承的三维建模

模型	建模思路及方法	方法步骤
轴承外圈	1. 以外圈外径为直径，高为轴承宽，画一个大圆柱体； 2. 以外圈内径为直径，高为轴承宽，画一个小圆柱体； 3. 差集，大圆柱体减去小圆柱体	
轴承内圈	1. 以内圈外径为直径，高为轴承宽，画一个大圆柱体； 2. 利用"抽壳"指令，抽掉中心部分	
轴承滚珠	画球体，半径为所测得的数据	
滚珠沟道	以外圈内径到内圈外径的中间点到轴承圆心为半径，管径为滚珠球径，画圆环体	

续表

模型	建模思路及方法	方法步骤
	移动外圈、内圈、滚珠沟道至适合的位置。外圈一侧圆心对内圈同一侧圆心。圆环体先移动至外圈一侧圆心处，再水平移动轴承宽一半的距离	
	差集，外圈和内圈减去圆环体	
	移动滚珠，以球心为基点，移动至外圈圆心处，然后向上移动外圈内径和内圈外径的中间点，再水平移动轴承宽的一半	
	三维阵列，选中滚珠进行三维阵列	

练一练： 完成对风扇的三维模型的构建，如图 7-1-17 所示。

图 7-1-17　风扇三维模型

活动3 圆柱螺钉的三维建模及创建块

1. 完成六角头圆柱螺钉的模型构建，如图 7-1-18 所示。

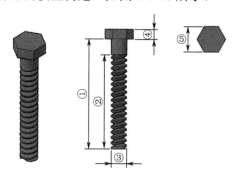

图 7-1-18　六角头圆柱螺钉

（1）六角头圆柱螺钉数据的采集

① 螺杆长度_____mm，② 螺纹长度_____mm，③ 螺纹大径_____mm；

④ 六角头部厚度_____mm，⑤ 六角两平行边距离_____mm。

2. 完成模型的构造，见表 7-1-2。

表 7-1-2　模型的构造

模型	建模思路及方法	操作步骤
	以外切圆的形式，半径为六角平行边距离的一半，画六角形，通过拉伸成型	
	以螺纹大径为底圆直径，螺杆长度为高，画圆柱体	
	调整视图为主视图，如图画一个合适的等腰梯形	
	以等腰梯形长底边的中点为基点移动等腰梯形至圆柱体上方圆面的象限点	

模型	建模思路及方法	操作步骤
	以圆柱体中心点到等腰梯形长底边的中点距离，画螺旋线，旋转合适的圈高，高度为螺纹长度	
	以等腰梯形为基面，路径为螺旋线，进行扫掠	
	差集，圆柱体减去扫掠体，然后以底圆中心为基点，对模型进行三维旋转，翻转180°	
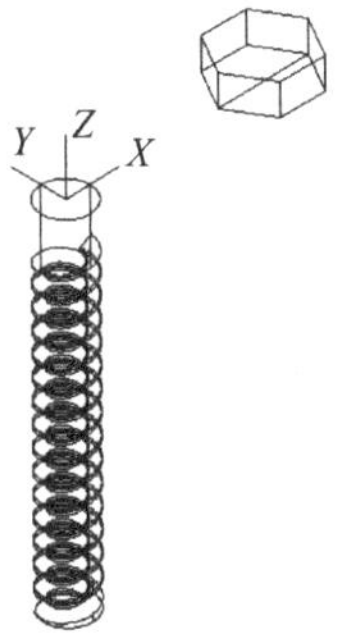	视觉样式调至二维线框，在六方体底面两对角作一根辅助线，以辅助线的中点为基点，移动六方体至螺杆上边面的圆心处	
	对六方体与螺杆进行并集成型	

3．创建六角头圆柱螺钉的块并调用

（1）块的创建

① 选中六角圆头柱螺钉，单击"创建块"指令；

② 对块进行命名，并在基点中选择合适的拾取点，如图 7-1-19 所示；

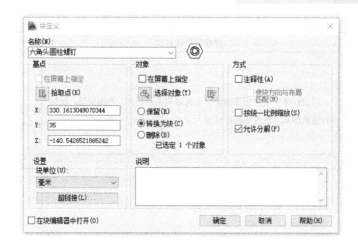

图 7-1-19　块创建过程

③ 单击"确定"按钮，完成块的创建。

（2）块的调用

① 单击"插入块"指令；

② 通过"浏览"找到所保存过的块，选择"确定"，将块插入到合适的位置。

练一练：完成对电动的一字头圆柱螺钉和吊环的三维模型构建，如图 7-1-20 所示。

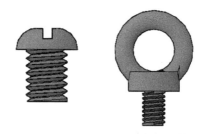

图 7-1-20　一字头螺钉（左）和吊环（右）的三维模型构建

任务 2　电动机转子和定子部分的建模

一、任务介绍

　　三相异步电动机定子部分主要由机壳、底座、定子铁心、接线盒等组成。转子部分由转轴、转子铁心等部分组成。本次任务主要对以上两大部分的组成部分进行测量，并完成三维模型的构建。

二、任务分析

　　本次任务是对三相异步电动机的定子和转子两大部分进行建模，让大家了解如何在

AutoCAD 中进行三维模型的构建。通过对模型的构建，掌握一些常用测量工具的使用方法，并熟悉三维模型构建的指令和方法，拓宽三维建模的思路。

三、知识点导航

为了能够进一步熟悉在三维模型构建中建模和实体编辑工具的使用，下面以风扇罩的建模为例。

操作步骤：

（1）在"西南等轴测"视图，画底圆半径为 98，高为 88 的圆柱体，如图 7-2-1 所示；

图 7-2-1　风扇罩建模 1

（2）单击"圆角边"指令，选中圆柱体前底圆边，输入 R，输入 20，按"Enter"键确定，如图 7-2-2 所示；

图 7-2-2　风扇罩建模 2

（3）转到"东南等轴测"视图，点选"抽壳"，选中整个对象，单击后底圆面，输入抽壳偏移距离为 2，按"Enter"键确认，如图 7-2-3 所示；

图 7-2-3　风扇罩建模 3

（4）在"东南等轴测"视图空白区域，作长 7，宽 7，高 3 的长方体，如图 7-2-4 所示；

图 7-2-4　风扇罩建模 4

（5）单击"三维阵列"，选中长方体，选择"矩形"，输入行数为 11，输入列数为 11，输入层数为 1，指定行间距为 10，指定列间距为 10，按"Enter"键确认，如图 7-2-5 所示；

图 7-2-5　风扇罩建模 5

（6）删除多余图形，找到阵列中心的长方体，在可见正方形面的对边中点作一条辅助线，如图 7-2-6 所示；

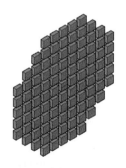

图 7-2-6　风扇罩建模 6

（7）单机"三维移动"，选中风扇罩三维模型，指定基点为风扇罩圆内表面的圆心，指定第二个点为上图的辅助线的中点，按"Enter"键确定，如图 7-2-7 所示；

图 7-2-7　风扇罩建模 7

（8）切换至"西南等轴测"视图，单击"差集"，选中风扇罩，按"Enter"键，选中所有的长方体，按"Enter"键确定，如图 7-2-8 所示；

图 7-2-8 风扇罩建模 8

9. 单击"三维旋转",选中风扇罩,在图形导航中以 Y 向为转轴,指定旋转角度为 180°,按 "Enter" 键确认,如图 7.2.9 所示。

图 7-2-9 风扇罩建模 9

想一想: 在风扇罩的三维建模中,用到了建模和实体编辑工具的哪些功能?这些功能对完成三维模型进行了哪些处理?

四、任务实施

活动 1 采集电动机各零部件尺寸数据

1. 对如图 7-2-10 所示转子的各部分尺寸进行测量,并记录数据于表 7-2-1 中。

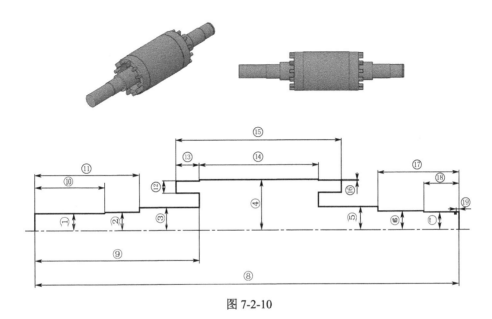

图 7-2-10

表 7-2-1　转子各部分尺寸测量记录

序号	名称或注释	测量使用的工具及方法	测量值
①	前端第一阶梯轴半径		
②	前端第二阶梯轴半径		
③	前端第三阶梯轴半径		
④	定子铁芯半径		
⑤	后端第三阶梯轴半径		
⑥	后端第二阶梯轴半径		
⑦	后端第一阶梯轴半径		
⑧	转轴总长		
⑨	前轴端到铁芯距离		
⑩	前端第一阶梯轴长度		
⑪	前端第二阶梯轴长度		
⑫	端环厚度		
⑬	端环宽度		
⑭	转子铁芯长度		
⑮	端环和转子铁芯总长		
⑯	转子铁芯端部到端环端部距离		
⑰	后端第二阶梯轴长度		
⑱	后端第一阶梯轴长度		
⑲	卡簧槽到后端距离		
	端环风扇叶片横截面长		
	端环风扇叶片横截面宽		
	端环风扇叶总长		
	转子导条直径		
	转子导条总长		

注：卡簧槽按宽 1mm，深 1mm 画。

练一练：对如图 7-2-11 所示的三相异步电动机的机壳定子部分进行数据测量与记录。

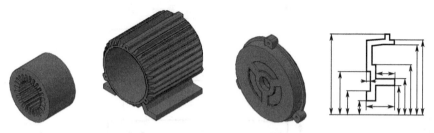

图 7-2-11　三相异步电动机的机壳定子部分

活动 2　构建转子部分实体及端盖模型

1. 完成转子部分的三维建模，如图 7-2-12 所示，操作步骤记录于表 7-2-2 中。

图 7-2-12 转子部分的三维建模

表 7-2-2 转子部分的三维建模操作步骤

模型	建模思路及方法	操作步骤
	按所测得数据绘出转子的一半轮廓后，将图形进行面域，沿轴向旋转 360°	
	转换视图，在端环端面画风扇叶片横截面和转子导条横截面。将两横截面拉伸至所测得的总长后，移动调整至合适尺寸	
	转换视图，分别对端环风扇叶和转子导条进行环形阵列至所需的数目，删除多余的模型	
	选中所有模型，并集	

2. 端盖的三维建模，如图 7-2-13 所示，操作步骤记录于表 7-2-3 中。

图 7-2-13 端盖的三维建模

表 7-2-3 端盖的三维建模操作

模型	建模思路及方法	操作步骤
	按尺寸画前端盖轮廓的一半，对图形进行面域，然后以下面的横线为轴，旋转 360°，完成前端盖的初始模型	
	转换视图，以两内圈的下极限点作一条辅助线。以略大于两内圈的距离为高，筋板的宽实际长度为宽，作矩形，并将对角线的中点移至与辅助线中点重合	
	转换至合适视图，将矩形拉伸一个槽深度的尺寸。然后将长方体进行环形阵列，选中所有模型进行并集	
	按尺寸作一个长方体；然后找到前端盖的圆心点作一条垂直适合尺寸的辅助线，然后在水平方向到端盖后沿距离作辅助线。以长方体后下边中点为基点，移动长方体至水平方向辅助线后端点处，删除辅助线	
	对长方体两边进行按尺寸倒圆角后，进行环形阵列。然后选中所有模型进行并集	
	以前端盖圆心按尺寸作一条辅助线。以辅助线的上端点为圆心，按尺寸画圆。将圆拉伸穿透修正后的长方体。并对圆柱体进行三维阵列	

续表

模型	建模思路及方法	操作步骤
	选中修整过的长方体和圆柱，进行差集后，选中所有模型进行并集。完成前端盖的模型构建	
	复制前端盖的三维模型，在合适的区域粘贴。对模型进行三维旋转 180°	
	在修整后长方体的上表面的矩形作对角线；然后在对角线中点，插入"一字头螺钉"块。最后对螺钉进行环形阵列	
	对端盖和螺钉进行差集计算，删除辅助线，完成后端盖的模型构建	

------ **活动3** 构建定子部分实体模型

1. 三相异步电动机机壳的三维建模，如图 7-2-14 所示，操作步骤记录于表 7-2-4 中。

图 7-2-14　三相异步电动机机壳的三维建模

表 7-2-4　三相异步电动机机壳的三维建模操作

模型	建模思路及方法	操作步骤
	按照尺寸及位置绘图如图，并将这些图形面域	
	将各图形按尺寸拉伸至所需的长度。将底座水平移动至合适尺寸	
	选中散热片前端面进行倾斜至合适角度；切换视图，从倾斜面处理散热片后端面	
	分别对筋板、散热片和圆柱进行阵列至所需数量。然后把多余的模型进行删除	
	利用差、并集对模型进行修整至三相电动机的机壳模型	

2. 定子铁心的三维建模，如图 7-2-15 所示，操作步骤记录于表 7-2-5 中。

图 7-2-15　定子铁心的三维建模

表 7-2-5　定子铁心的三维建模操作

模型	建模思路及方法	操作步骤
	按照尺寸及位置绘图如图，并将这些图形面域	
	将铁芯槽轮廓图形的下底边移动至稍微超过内圆边的位置，进行阵列	
	将所有图形拉伸至所需的尺寸	
	UCS，选中圆柱外端面作 XY 平面。对铁芯槽进行阵列至所需数目。然后，进行差集计算至铁芯模型	

练一练： 将电动机模型进一步完善，如图 7-2-16 所示。

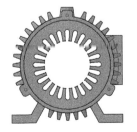

图 7-2-16　电动机模型的完善

任务 **3** 简单电动机零部件的装配

一、任务介绍

经过前面的学习，我们完成了三相异步电动机各零部件的三维建模。本次任务主要是在 AutoCAD 上对各零部件模型进行观察以及三维展示，了解认识三相异步电动机的各个零件装配关系，最后完成对三相异步电动机的装配。

二、任务分析

本次任务通过三维指令对模型的观察和展示，进一步熟悉三相异步电动机的结构组成以及零部件间的装配位置关系。并使用相关的指令对模型进行合适的处理，完成对三相异步电动机模型的各个零部件装配。

三、知识导航

三相异步电动机各零部件的功用及安装位置分析，如图 7-3-1 所示。

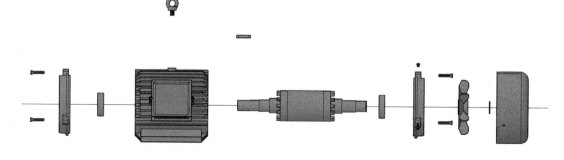

图 7-3-1　三相异步电动机各零部件

1. 前端盖

保护电动机内部，完成电动机前端的密封。通过螺钉紧固在电动机机壳前端。前端盖内侧有轴承室，装放支撑前轴承，并起到轴向固定前轴承的作用。

2. 后端盖

保护电动机内部，完成电动机后端的密封。通过螺钉紧固在电动机机壳后端。后端盖内侧有轴承室，装放支撑后轴承，并起到轴向固定后轴承的作用。径向有螺纹孔，安放固定风扇罩。

3. 转子

电动机的输出部分。前轴有键槽，装放键，与其他机械设备完成连接。后轴有卡簧槽，装放卡簧，轴向固定风扇。轴向有阶梯，起到安放和轴向固定轴承和风扇的作用。

4．机壳底座

安放前、后端盖，起总支撑的作用。内部有定子铁芯，安放定子绕组，外部有接线盒，装置电动机接线端，给电动机电源输入和磁场产生提供条件。顶端有吊环座，为安装吊环提供场所。外表面有散热片，对电动机进行散热。

5．风扇罩

保护风扇，有散热孔，加速空气流动。通过螺钉固定在电动机的后端盖上。

四、任务实施

____ **活动 1** | 认识电动机的装配关系

完成三相异步电动机的爆炸图的制作，然后通过"视图"菜单中的以下功能，完成对电动机的观察与展示，如图 7-3-2 所示。

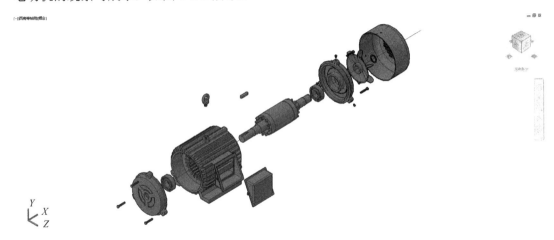

图 7-3-2　三相异步电动机的爆炸图

1．动态观察
2．漫游和飞行
3．相机
4．运动路径动画
5．视觉样式
6．渲染

____ **活动 2** | 完成电动机的模型装配

依据制作好的电动机零部件爆炸图，完成三相异步电动机的装配，并完成表 7-3-1 的电动机装配表。

表 7-3-1   电动机的装配表

序号	装配过程	装配位置

五、项目评价

对项目进行评价完成项目评分表 7-3-2。

表 7-3-2   项目评分表

序号	评价内容	配分	评分标准	得分
1	零部件测量	20	1. 工量具的正确使用，根据实际所用到的工具，不能熟练正确使用的，每处扣 1 分，共 5 分； 2. 所测量的值与实际数据误差不能超过±1%，超出每处扣 0.5 分，共 7.5 分； 3. 认真填写记录表，记录每个零件的尺寸数据，每缺 1 处扣 0.5 分，共 7.5 分	
2	零部件建模	30	1. 共 15 个零部件，绘画完整并保存，每少 1 个扣 1 分，共 15 分； 2. 每个三维模型与实际零部件尺寸不能超出±10%，超出范围不得分，每个零部件 1 分，共 15 分。（抽零部件的几个主要尺寸作标准）	
3	零部件装配	30	1. 零部件间的装配位置（X、Y、Z 轴）关系不正确每处扣 1 分，配 15 分，扣完本项分值为止； 2. 零部件间的装配角度关系不正确每处扣 1 分，配 15 分，扣完本项分值为止	
4	建模指令	10	抽 5 个三维建模与实体编辑指令进行考核，要求能够说出指令名称及熟悉使用该指令，每错一个扣 2 分	
5	其他	10	1. 认真实行"5S"管理制度，每少一处，扣 1 分，共 5 分； 2. 资料整理及归档，没有归档扣完本项分值。资料不齐与不合理，每处扣 1 分，扣完本项分值为止。共 5 分	

附 录

一、绘图工具栏、修改命令

绘图工具栏			修改命令		
名称	英文命令	缩写	名称	英文命令	缩写
直线段	LINE	L	删除	ERASE	E
构造线	XLINE	XL	复制	COPY	CO
多段线	PLINE	PL	镜像	MIRROR	MI
等边闭合多段线	PLOYGON		偏移	OFFSET	O
矩形	RECTANG		陈列	ARRAY	AR
圆弧	ARC	A	移动	MOVE	M
圆	CIRCLE	C	旋转	ROTATE	RO
修订支线	REVCLOUD		缩放	SCALE	SC
曲线	SPLINE		拉伸	STRETCH	S
椭圆	ELLIPSE		修剪	TRIM	TR
椭圆弧	ELLIPSE		延伸	EXTEND	EX
插入块	INSERT	I	打断于点	BREAK	BR
创建块	BLOCK	B	打断	BREAK	BR
图案填充	BHATCH	H	合并	JOIN	J
渐变色	BHATCH	H	倒角	CHAMFER	
面域	REGION		倒圆角	FILLET	F
创建表格	TABLE		分解	EXPLODE	X
创建文字	MTEXT	T			

二、CAD 命令使用汇总

命令全称	缩写	中文解释	使用说明
ARC	A	圆弧	
BLOCK	B	创建块	
BREAK	BR	打断	矩形，是以画的第一点为起始点，逆时针计算至打断点位置
CIRCLE	C	圆	
CHAMFER		倒角	CHAMFER≫D≫空格≫X≫空格 Y≫空格≫选择两边，可以针对两非相交的直线的倒角
	D	标注样式	
DIST	DI	查询	测量两个点之间的距离

续表

命令全称	缩写	中文解释	使用说明
ERASE	E	删除	
FILLET	F	倒圆角	F≫OK≫R≫OK≫输入数值≫选择对象
	G	对象编组	
BHATCH	H	图案填充	
INSERT	I	插入块、图形	
JOIN	J	合并	直线段合并，两条线必须在同一条直线上；多段线合并，两条多段线首尾相接，可以合并同一多段线；圆弧合并，同一个圆心与半径的弧才可以合并
LINE	L	直线段	
MOVE	M	移动	
MATCHPROP	MA	特性匹配	MA≫≫OK 选择对象特性线，带刷子符号刷向要改变的线
OFFSET	O	偏移	选中偏移对象，点击命令，输入偏移距离，选取偏移方向（即偏移对象的左右上下）
PAN	P	抓手工具	在当前视口中移动视图
PEDIT	PE	直线段——多段线	PE≫空格≫选择其中一段≫Y≫空格≫J≫选择所有线段≫空格
PLINE	PL	多段线	
REDRAW	R	重绘	
	RR	喧染	
REGEN	RE		
STRETCH	S	拉伸	实现对某个点或整条边拉伸
SCALE	SC	缩放	SC≫OK≫选择对象≫OK≫选择基点 选择比例因子或复制
MTEXT	T	多行文字	
	U	撤销上一步	实现与 Ctrl+Z 快捷键同样功能
	V	视图管理器	
	W	写块	
EXPLODE	X	分解	将多段线分解为直线段
XLINE	XL	构造线	
ZOOM	Z	窗口缩放	
SPACE		ENTER	空格与"Enter"键实现同样功能

参 考 文 献

[1] 余桂英，郭纪林. AutoCAD 2006 中文版实用教程[M]. 大连：大连理工大学出版社，2006.

[2] 郭纪林，余桂英. 机械制图[M]. 大连：大连理工大学出版社，2005.

[3] 王克印. Auto CAD 2008 上机指导与练习[M]. 北京：电子工业出版社，2009.

[4] 史宇宏，陈玉蓉，史小虎. 边学边用 AutoCAD 2007 中文版机械设计[M]. 北京：人民邮电出版社，2007.

[5] 王全亮，马英杰. 电气工程 CAD[M]. 北京：电子工业出版社，2012.

[6] 杨筝. 电气 CAD 制图与设计[M]. 北京：化学工业出版社，2015.

[7] 黄玮. 电气 CAD 实用教程[M]. 北京：人民邮电出版社，2013.

[8] 张祥军. 企业供电系统及运行，4 版[M]. 北京：中国劳动社会保障出版社，2007.

[9] CAD/CAM/CAE 技术联盟. AutoCAD 2014 自学视频教程：实例版[M]. 北京：清华大学出版社，2014.

反侵权盗版声明

电子工业出版社依法对本作品享有专有出版权。任何未经权利人书面许可，复制、销售或通过信息网络传播本作品的行为；歪曲、篡改、剽窃本作品的行为，均违反《中华人民共和国著作权法》，其行为人应承担相应的民事责任和行政责任，构成犯罪的，将被依法追究刑事责任。

为了维护市场秩序，保护权利人的合法权益，我社将依法查处和打击侵权盗版的单位和个人。欢迎社会各界人士积极举报侵权盗版行为，本社将奖励举报有功人员，并保证举报人的信息不被泄露。

举报电话：（010）88254396；（010）88258888

传　　真：（010）88254397

E-mail：　dbqq@phei.com.cn

通信地址：北京市万寿路 173 信箱

　　　　　电子工业出版社总编办公室

邮　　编：100036

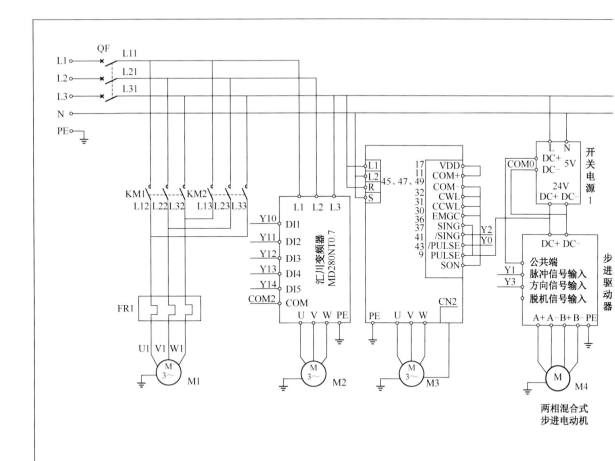

要求：

1. 电动机M1的额定电流为0.3A，请按此整定热继电器的动作电流。步进电动机M4的细分请设

2. PLC接线端子连接的导线，其两端请按PLC端子编号，其余按原理图指定编号。

3. 主电路请用1.5mm²红色多股软线安装，控制电路用1mm²黑色多股软线安装，零线、接地线

说明：

1. PLC控制程序已经输入到主机，不需要编写程序，本次任务只需要按照原理图接线。

2. 触摸屏的页面制作、变频器的参数设置也已经完成。

3. 调试时，控制要求请参照《××设备电气控制说明书》。

图 4-

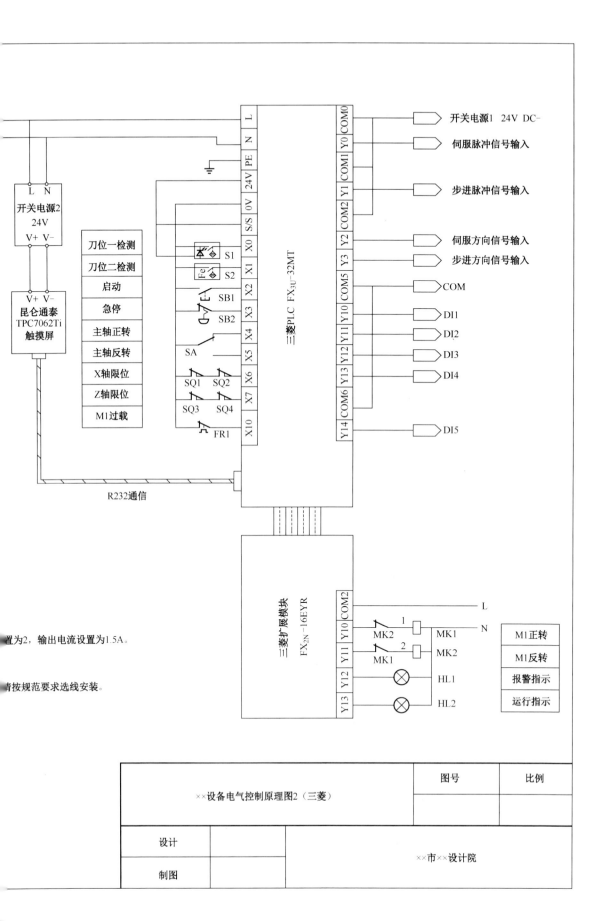

开关电源1 24V DC–

伺服脉冲信号输入

步进脉冲信号输入

伺服方向信号输入

步进方向信号输入

COM

DI1

DI2

DI3

DI4

DI5

刀位一检测
刀位二检测
启动
急停
主轴正转
主轴反转
X轴限位
Z轴限位
M1过载

开关电源2
24V
V+ V–

昆仑通泰
TPC7062Ti
触摸屏

三菱PLC FX₃U–32MT

R232通信

三菱扩展模块
FX₂N–16EYR

M1正转
M1反转
报警指示
运行指示

置为2，输出电流设置为1.5A。

请按规范要求选线安装。

	图号	比例
××设备电气控制原理图2（三菱）		

设计		××市××设计院
制图		